# 一夜秋袭来

| 原　题 | 步入深秋 |
|---|---|
| 照片类型 | 风景 |
| 作品意图 | • 表现秋天的韵味。 |
| 摄影要领 | • 首先构思的是秋天红叶的色彩，以及两边风景相互对称的均衡构图。<br>• 风景摄影最重要的是构图。<br>• 把人物放置于恰当位置，可摆脱风景摄影的单调呆板，得到更为理想的视觉效果。 |
| 照片作者 | 300Dclub 海鸟，vadasae@hitel.net |

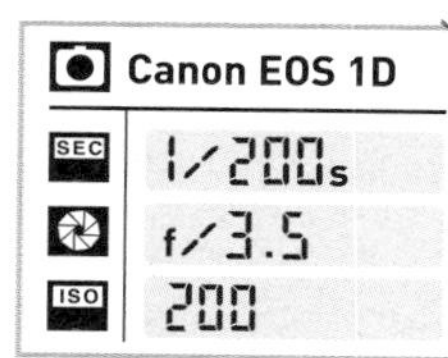


所谓摄影，是超越与现实关系的、颠覆现实的、制造出多种图像的艺术行为。　——罗伯特·海内肯

# 海岸处若隐若现

| | |
|---|---|
| 原　题 | 济州御营海岸夜景 |
| 照片类型 | 风景 |
| 作品意图 | • 表现济州岛夏日夜晚大海和波涛的景象。<br>• 通过长时间曝光来表现波涛的汹涌起伏之势。<br>• 通过左边海平线上渔船的灯光来消除背景的单调感。 |
| 摄影要领 | • 必须使用三脚架，选择在风稍大的夜晚进行拍摄。<br>• 应最大程度上利用济州御营海岸路上的人工照明。<br>• 在确保最大曝光的同时，应使用预提反光镜或快门线，使DSLR抖动减到最小。 |
| 照片作者 | 300Dclub 金钧，gkim@inbiz.co.kr |

Canon EOS 300D

| | |
|---|---|
| SEC | 15s |
| 光圈 | f/13.0 |
| ISO | 100 |

摄影师以风景为对象创作时，被对象化的风景通过意识流得以具体化，这就是所谓风景的象征化。而摄影家则以观察之眼来表现感性的真实。

——李正镇

# 遇见心仪已久的她

| | |
|---|---|
| 原　题 | Recall Old Times |
| 照片类型 | 人物 |
| 作品意图 | • 利用阴天玻璃墙侧进入的扩散光来表现比较柔和的图像。 |
| 摄影要领 | • 为突出前景人物将光圈调到最大，虚化背景场景。 |
| 照片作者 | 300Dclub emotion，hl1sqp@hanmail.net |

Canon EOS 300D
SEC 1/500s
f/2.2
ISO 200

拍摄的过程是发现世界构造的过程，具有沉溺形体的单纯快感。在混乱之中终于明白，原来一切都井然有序。

——亨利·卡蒂埃-布列松

# 寂静的屋内世界VS.华丽的窗外世界！

| | |
|---|---|
| 原　题 | 下雨的周末 |
| 照片类型 | 风景 |
| 作品意图 | • 表现玻璃窗上的雨滴和雨夜气氛。<br>• 使用啤酒是为了营造周末夜晚的闲暇感。 |
| 摄影要领 | • 为了突出静物啤酒，观察取景器可知特意设置了照明。<br>• 如果没有三脚架，可使用其他替代物（在这里使用纸巾）来固定DSLR。<br>• 如果不用快门线，在按快门时可能会发生抖动。这时，可使用自拍装置预提反光镜来防止抖动。 |
| 照片作者 | 300Dclub koku，kokuryuman@hotmail.com |

| Canon EOS 300D | |
|---|---|
| SEC | 4s |
| 光圈 | f/22.0 |
| ISO | 400 |

照片的主要功能在于正确认知自然和社会，以及在此基础之上引起人的共鸣。在照片中体现人的原本价值就是现实主义精神。

——崔敏植

# 旧地怀古

| 原　题 | 风景之美 |
| --- | --- |
| 照片分类 | 风景 |
| 作品意图 | • 寻找名胜古迹，以当代人的视角来捕捉古人所流连的山水美景。在忙碌的日常生活中，如果能够点一支烟把自己暂时埋进山色之中该有多好。<br>• 透过不规则树枝中显露出来的旧民宅和浸入水中的树丛色彩非常棒。 |
| 摄影要领 | • 韩国庆南密阳无缘里是盛产荷花的地方。适合在早上拍摄，利用郁郁葱葱的树林来表现色彩和构图能够拍到不错的效果。<br>• 因为树木比较茂盛，拍摄的地形不是很理想，使用三脚架拍摄时多少有些困难。荷花池中的倒影非常美，可以拍到不错的光效果。 |
| 照片作者 | 300Dclub 金迥权，basspia@lycos.co.kr |

Canon EOS 20D
SEC 1/50s
f/11.0
ISO 100

光是照片中根本性的主题物，照片则是光的记录。

——约翰 · 塞克斯通

# 永结同心

| | |
|---|---|
| 原　题 | 我们的爱情! |
| 照片类型 | 人物 |
| 作品意图 | • 人物置于中心偏左，与清爽的风景融为一体。<br>• 与恋人合作的表示爱情的动作让人体会其中的幸福感。<br>• 以水平角度来表现两人的爱情，给人一种偷偷隐于草丛中并被守护着的感觉。 |
| 摄影要领 | • 为了把视线集中在主体上，使背景虚化。<br>• 在背景亮的地方进行人物摄影时要使用闪光灯。<br>• 重要之处在于要避免单调的人物中心构图，使人物和背景和谐如一。 |
| 照片作者 | 300Dclub 摄影里的世界，jinsayhello78@hotmail.com |

Canon EOS 300D

SEC 1/1600s

f/2.0

ISO 100

所谓fashion摄影，是指最纯粹的摄影，是当代摄影的核心。　——赵世铉

# 丹霞似锦

| | |
|---|---|
| 原　题 | 捕捞光影 |
| 照片类型 | 风景 |
| 作品意图 | • 表现西海安眠岛附近正手持渔网在捕鱼的年轻人。以夕阳和渔网为背景，用网捕鱼的年轻人和在其周围盘旋的海鸥组成非对称的剪影，渔网上的水珠反射出落日的光线，更突出其自然感。 |
| 摄影要领 | • 西海的大部分岛屿对于拍摄夕阳来说当然是理想之地，沙滩、晚霞、渔网等多种元素组合在一起，显出复合的美感。很幸运能够在同一时间拍到这么多视觉元素。<br>• 虽然已是傍晚将近天黑，但在以夕阳为背景进行剪影拍摄时，由于太阳光的影响，光圈数值会变大，因此应适当增大光圈后进行拍摄。 |
| 照片作者 | 300Dclub 内功精进，bitmania@dreamwiz.com |

Canon EOS 300D
SEC 1/20s
f/22.0
ISO 100

摄影家在摄影中表现自己人生的价值，艺术和生活是不可分的。 ——罗伯特·弗兰克

# 感受秋天

| | |
|---|---|
| 原　题 | 秋天的感觉（温暖秋天阳光照射的屋檐下悬挂着我们的盛宴） |
| 照片类型 | 风景 |
| 作品意图 | • 在现已罕见的传统的韩式屋檐下，挂着晒干的粟和玉米，引发多少乡愁。<br>• 以给人温暖的色彩来表现秋天的感觉。 |
| 摄影要领 | • 应设定具有稳定感觉的构图。<br>• 通过适当的景深来强调静谧感，调大光圈。 |
| 照片作者 | 300Dclub 平凡的家伙，ninenon@lsrc.jnu.ac.kr |

Canon EOS 300D
SEC 1/1000s
f/2.8
ISO 200

摄影由95%的技术和5%的灵魂组成。

——金重满

# 肉眼无法透视的神秘

原　题　爱抚山峡的云海

照片类型　风景

作品意图
- 清晨的云海和破晓前的天空，构图上试图让人同时感觉到冷色调和暖色调。为了让山峡间的云海看起来像在流动，使用了较慢的快门速度，拍下了连肉眼也难以辨认的云海的流动，表现出其神秘感。

Canon EOS 10D
SEC 20s
f/8.0
ISO 100

摄影要领
- 在破晓前10分钟左右拍摄云海的流动最为合适，这时也能够使用较慢的快门速度进行拍摄。一旦天开始亮，曝光时间应缩短，这样会影响云海的流动感。如果是在天亮前，则无论用多慢的快门速度也无法表现出暗处的细节。
- 要使用较慢的快门速度，必须准备三脚架和快门线。天空和地面的曝光差大，由于快门速度慢，天空往往会曝光过度。使用ND滤镜可以减少地面与天空部分的曝光差，从而拍到理想的效果。

照片作者　300Dclub noblesse，dageleo@hanmail.net

"我要通过云来记载我人生的哲学"，他拍摄了40年照片，为了找出学到了什么，他拍摄云。

——阿尔里德·施蒂格利茨

# 雨！雨！雨！

| | |
|---|---|
| 原　题 | 下雨的街景 |
| 照片类型 | 人物 |
| 作品意图 | • 表现骤雨来临时的街景。 |
| 摄影要领 | • 为了突出被摄人物，把光圈调到最大（f1.8）进行拍摄，让背景模糊。<br>• 因为是在光线相对暗的情况下进行拍摄，所以适当地调高了ISO值。要充分考虑到噪声后再对ISO进行调整。打着雨伞进行取景构图虽有难度，但要想拍到好作品，不能怕风吹雨淋。 |
| 照片作者 | 300Dclub 石头子，pucolo@nate.com |

Canon EOS 300D

SEC 1/500s

f/1.8

ISO 400

照片即是摄影师本身。摄影师要用照片说话，以照片生存。照片是拍摄此作品的摄影师的生活的真实表现，虽然照片中并没有摄影师本人身影……因此，照片和其他艺术表现形式一样，也可以看作是用来表现被称为摄影师的某个人生活的艺术行为的产物。

——李致焕

# 璀璨夜色

| 原　题 | 夜游芝加哥 |
| --- | --- |
| 照片类型 | 风景 |
| 作品意图 | • 用DSLR表现美国城市夜景中最负盛名的芝加哥夜景。<br>• 用DSLR最大程度地表现出肉眼所能看到的美丽壮观。 |
| 摄影要领 | • 从瞭望台望出去令人赏心悦目，但因为有玻璃窗的反射和耀斑，对于拍摄来说条件是很恶劣的。操作的核心是准备三脚架，并把镜头贴近玻璃后，用穿着的衣服等包围住DSLR，使周围的杂光减小到最少。相比曝光而言，在这里细腻的表现力更为重要，因此建议拍摄成RAW格式文件。 |
| 照片作者 | 300Dclub lion，xcorea@kt.co.kr |

FUJIFILM S3Pro
SEC 30s
f/9.5
ISO 200

照片是独白，也是与我的对白。照片是真实世界里被发现的自身的无意识所制造的产物，是自我的内在影像。

——安德鲁·戈尔弗盖

# 无约定之交叉点

| | |
|---|---|
| 原　题 | 印第安黑德 |
| 照片类型 | 风景 |
| 作品意图 | • 想要同时表现美丽的自然风光、广袤洁净的蓝色大海和天空。 |
| 摄影要领 | • 想要表现蓝天和大海，必须使用圆偏滤镜（CPL）。 |
| | • 天空、大海和地面的比率采用三等分割法可以表现其安静状态。 |
| | • 为了增强色感，应把DSLR的彩度设定为+1。 |
| | • 相对其他而言，被摄体是最重要的。 |
| 照片作者 | 300Dclub Mulder & Scully, skimwooe@empal.com |

Canon EOS 300D
SEC 1/60s
f/5.0
ISO 100

摄影家应该用作品来说话。照片是自身的思想和艺术技巧的表现。对摄影家的评价来自评论家们（观赏者）。摄影家的思想和其所独有的艺术技巧形成摄影家的个性，也是构成作品的因素。摄影家常常怀着对自己作品的不满，为更求精益而不断透视取景器，虽然只是瞬间，却在为捕捉永久的艺术价值而不断追求着按快门的人生。

——沈哲均

# 纯真的力量！纯真的美学！

| 原　题 | [WHITE] |
|---|---|
| 照片类型 | 人物 |
| 作品意图 | • 为了得到洁净而明亮的照片，特意选择了白色背景。<br>• 为了拍摄到最平静的状态，模特的姿势和穿着都要求是最普通的。 |
| 摄影要领 | • 在影棚内进行拍摄，特别是白色背景下拍摄时，应该使用灰卡对准白平衡后再进行拍摄。<br>• 如果闪光灯过强，白色衣服和背景容易混在一起，这时曝光应稍欠一些进行拍摄，然后使用Photoshop进行修正。 |
| 照片作者 | 300Dclub 门，ijw0923@nate.com |

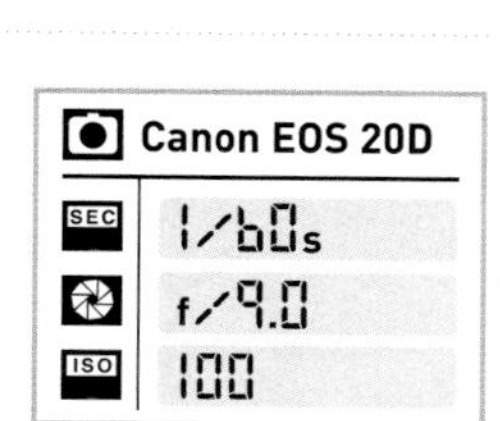


假如还有其他方法可以进行准确无误的传达，则没有必要使用照片。

——爱德华 · 韦斯顿

# 生气勃勃!

| | |
|---|---|
| 原　题 | 穿运动装的哥俩 |
| 照片类型 | 人物 |
| 作品意图 | • 作品中人物的动作模仿于某牛仔裤公司的广告片，为的是让大家一看到照片马上就能联想到原来的广告片。<br>• 主题确定后，为了表现这一主题选择了在家庭大聚会的时候进行拍摄。构图应尽量与原来的广告片贴近。 |
| 摄影要领 | • 为了最大限度地突出主体，应使用长焦距镜头，加大光圈，使背景适当地虚化。<br>• 本作品并非单纯地模仿，即使是模仿也要视模特的选定和服装等条件而定。 |
| 照片作者 | 300Dclub Barbarella，lottemay5@hotmail.com |

Canon EOS 20D
SEC 1/200s
f/4.5
ISO 100

看照片的过程是区分已认知领域和未认知领域分别是什么的视觉化操作。现在对于我们而言，看照片比拍照片更为重要。

——李英峻

# 仰望天空……

| 原　题 | 遥想云的日子 |
|---|---|
| 照片类型 | 风景 |
| 作品意图 | • 表现新西兰的蓝天和蓝天下伸展开去的令人难以忘怀的白云。<br>• 把天空和肃穆的教堂建筑置于同一画面中。<br>• 教堂建筑放置于左边而不是中央，令构图更显安定。 |
| 摄影要领 | • 为了突出蓝天，应使用CPL滤镜。<br>• 想要拍摄理想的蓝天，应选择中午前稍早时候进行拍摄。<br>• 使用CPL滤镜拍摄蓝天时，应该与太阳成90°角左右进行拍摄。 |
| 照片作者 | 300Dclub 朴贵弘（音译），vadasae@hitel.net |

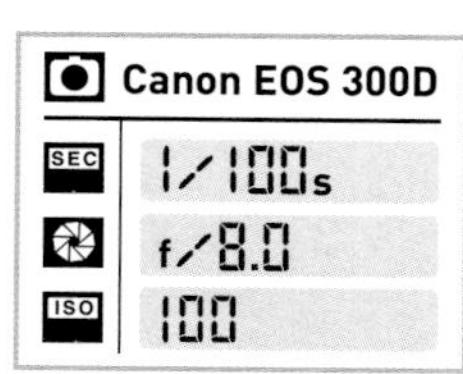


摄影师应把自己埋入到自己寻找的一切当中。这样才能和所有一切融为一体，进而更深入的体会。

——迈纳 · 怀特

# 季节的分界线！与时间的斗争！

| | |
|---|---|
| 原　题 | 济州秋天的紫芒草 |
| 照片类型 | 风景 |
| 作品意图 | • 紫芒草迎着夕阳的逆光场景。表现在紫芒草丛中散落的夕阳和逆光中紫芒草的色彩变化。 |
| 摄影要领 | • 10月至11月上旬的济州岛的紫芒草地风景非常著名。在傍晚4至5点之间，从太阳下山时开始以夕阳和晚霞为背景拍摄紫芒草最为适宜。如果能够把握好时间和焦距等因素，则能够拍到更为清晰的紫芒草风景。 |
| 照片作者 | 300Dclub 朴株衡，pk0427@paran.com |

Canon EOS 300D

SEC 1/800s

f/10.0

ISO 400

我经常这样开始工作。对于Still-life（静物）照片一般归纳为三要点。是否最贴近主题？主题的描写在画面中是否恰当？主题是否是抽象式的表现，是否还需要其他的辅助物品，是否其他风格更为有趣？最后要考虑到构图。构图是用于梳理与被摄体之间关系的重要要素，因此在获得视觉上的最完美构图前，不要犹豫，布置、布置、再布置。

——崔钟仁

# 喜欢云吗?

| 原　题 | 赏云 |
|---|---|
| 照片类型 | 风景 |
| 作品意图 | • 表现天空中云的多种形态。 |
| 摄影要领 | • 在飞机内摄影时，应该注意选择在后舱进行拍摄，因为中间有机翼阻挡。<br>• 适当调整光圈值后再进行括弧曝光。 |
| 照片作者 | 300Dclub mp，PARK3154@empal.com |

Canon EOS 300D
SEC 1/60s
f/8.0
ISO 100

我相信，所谓摄影，是探求人类的可能性的方法。可以说伴随一生的摄影是我的天职……许多人对我而言都是珍贵的。我请求你们，请怀着善意的心来观看我的照片吧，因为他们就是我的孩子。

——杰瑞 · N · 尤斯曼

# 载上一片天空去旅行

| | |
|---|---|
| 原　题 | 休假去吧! |
| 照片类型 | 风景 |
| 作品意图 | • 表现正在海上起飞的水上飞机和想要乘上飞机远去旅行的自由心情。<br>• 表现绿色大海和红色飞机的对照。<br>• 构图上包含海平线上休闲十足的飞机正在起飞。 |
| 摄影要领 | • 拍摄视角应与水平线平行。<br>• 在日照强的天气里，应尽量避免爆光过度。 |
| 照片作者 | 300Dclub 匪徒，wjddbs25@hotmail.com |

Canon EOS 300D
SEC 1/250s
f/11.0
ISO 100

我们的认识受我们所看到的被摄物体的属性支配。摄影更是如此……它实际上是再创造了这个地球上不可能存在的新事物。通过形态的变异和色彩的混合等再创造的这个新景象，使我们突破原来被摄物体的局限。同时，也使得摄影师作为支配被摄体的自由个体能够站立起来。 ——金石重

# 高尚义务和牺牲精神

| | |
|---|---|
| 原　题 | 消防员 |
| 照片类型 | 人物 |
| 作品意图 | • 表现在火灾现场为保护人民的生命和财产而不顾危险，闯入烈火中的优秀消防员们。<br>• 表现在进入火灾现场前，确认氧气瓶中氧气存量的瞬间动作。 |
| 摄影要领 | • 为了突出生动感，应在远距离使用长焦距镜头进行拍摄。 |
| 照片作者 | 300Dclub 深泉水，s-2580@hanmail.net |

Canon EOS 300D
SEC 1/250s
f/2.8
ISO 200

# 腼腆女孩的微笑

| | |
|---|---|
| 原　题 | 树叶之间 |
| 照片类型 | 人物 |
| 作品意图 | • 纵向三等分割后，把模特置于中间，以防止视线的分散。<br>• 最大程度地利用自然光，强调自然的色彩与人物间的和谐。<br>• 在和谐的光与色下，融入人物的表情。 |
| 摄影要领 | • 拍摄场地在公共场所，为得到逆光，应把人物放置于柱子之间。<br>• 应该使用逆光和反光板来表现人物脸上的明暗层次，增加人物眼神的生动感。<br>• 在半身像以及特写摄影时，构图中抓住某种表情来体现摄影意图是关键。 |
| 照片作者 | 300Dclub 秀TM，Uming@hanmail.net |

FUJIFILM S3Pro

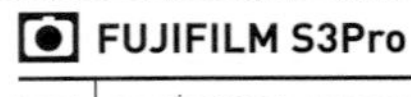


在所有的照片中都存在两种人，摄影师和观赏者。

——安塞尔 · 亚当斯

# 只记住她的笑容也好

| 原　题 | 开心的日子 |
|---|---|
| 照片类型 | 人物 |
| 作品意图 | • 表现开朗的都市女孩。<br>• 表现意图：即使在繁复的都市生活中也不要遗失了美丽的笑容。 |
| 摄影要领 | • 为了得到有效的散焦效果，应尽量把光圈开大。<br>• 选择长长的巷子作为背景为宜。<br>• 在拍摄前，应和模特进行充分交流，引导其表现出平静而明亮的表情。 |
| 照片作者 | 300Dclub 帅元章，dvmpdg@paran.com |

Canon EOS 300D
SEC 1/2500s
f/1.8
ISO 100

摄影以存在为对象。相比画家，更多的雕塑家转行搞摄影，这是因为，画家从表层来看事物，而雕塑家是从立体的角度来看。摄影家也是全方位观察事物。

——金长燮

# 决定性的瞬间！

| | |
|---|---|
| 原　题 | 拍下这可爱的小东西 |
| 照片类型 | 近摄 |
| 作品意图 | • 有很多照片都是表现水珠落下后的动态瞬间，在这里想表现的是水表面和水珠的安静的静态景象，同时包括水珠掉在水面前一瞬间的动态景象和水珠的倒影。 |
| 摄影要领 | • 拍摄当时拍摄环境自然光的照度很低，水槽上面的照明很暗，于是干脆遮掉了所有自然光的光源，使用闪光灯拍摄。想要同时表现静态景象和动态景象，需要一定的忍耐力，慢慢进行拍摄。想要拍摄水珠到达水面之前的景象，事先应该以秒为单位计算一滴水珠掉落的时间，这需要高度的瞬间集中力。使用红色塑料碗盛水是为了表现色感，要表现出倒影效果需进行后期修正。水珠下落地点、三脚架位置和水压调节等因拍摄意图的不同也要有所调整。 |
| 照片作者 | 300Dclub 胜焕爸爸，dreamlks@nate.com |

Canon EOS 300D
SEC 1/60s
f/3.5
ISO 400

在摄影时，事实上我所要做的是寻找事物的答案。

——温 · 布洛克

# 言语无法形容之美

**原　题**　美丽的江山——藓苔溪谷

**照片类型**　风景

**作品意图**
- 最大程度上还原出藓苔的色彩和水的流动。
- 想向观赏者强调清爽的色彩和自然的美丽。

**摄影要领**
- 想要拍摄藓苔溪谷，应选择在日出之前，天刚刚亮的时候最为合适。
- 构图上部稍露出水流，下面部分则在最大程度上广角取景，以表现溪谷的美丽。

**照片作者**　300Dclub emotion，vadasae@hitel.net

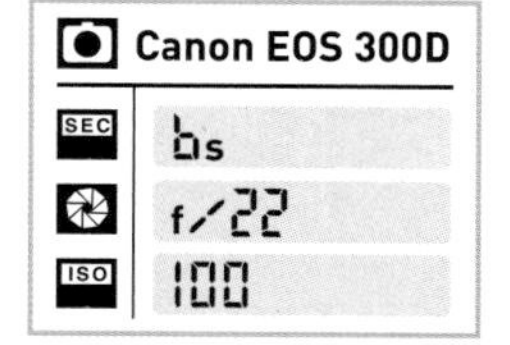


12年的黎明摄影……“黎明是我们最能够享受芬芳泥土情趣的时刻。也是能够体会到劳动的可贵的空间。因为这里有着从这样的黎明就开始劳作的人们。此外，黎明蕴含着表现出即将来临的清晨的希望，而晚霞虽美却无法找到希望。”

——朴相勋

# 油菜和大麦的色彩表现

| | |
|---|---|
| 原　题 | 四月的颜色 |
| 照片类型 | 风景 |
| 作品意图 | • 表现油菜和大麦之间绿色和黄色的和谐。<br>• 以青麦为主题，以油菜茎和花的浅绿色和黄色作为背景，整体画面色彩鲜艳。 |
| 摄影要领 | • 使用100mm的微距镜头，景深小，对手抖动敏感，因此要用相对快一点的快门速度。<br>• 春天里大麦会随风摇摆，应在已对准焦点的情况下，等待风停下来的瞬间按下快门。<br>• 应在Photoshop中调整色阶数值，调高对比度。 |
| 照片作者 | 300Dclub 新绿，veratoz@empal.com |

照片里包含着现实，它往往比真正的现实具有更为现实的、不可思议的力量。

——阿尔费雷德 · 施泰格利茨

# DSLR

# 数码单反摄影

## 原理与拍摄技法

[韩] 300Dclub 著
陈春英 译
金光永 审校

人 民 邮 电 出 版 社
北 京

图书在版编目（CIP）数据

DSLR数码单反摄影原理与拍摄技法 / 韩国300Dclub著；陈春英译．—北京：人民邮电出版社，2008.4（2008.8重印）
ISBN 978-7-115-17399-7

Ⅰ．D… Ⅱ．①韩…②陈… Ⅲ．数字照相机—摄影技术 Ⅳ．TB86

中国版本图书馆CIP数据核字（2007）第200394号

**版 权 声 明**



**DSLR数码单反摄影原理与拍摄技法**

◆ 著 [韩] 300Dclub
译 陈春英
审 校 金光永
责任编辑 王 琳

◆ 人民邮电出版社出版发行 北京市崇文区夕照寺街14号
邮编 100061 电子函件 315@ptpress.com.cn
网址 http://www.ptpress.com.cn
北京精彩雅恒印刷有限公司印刷

◆ 开本：787×1092 1/16
印张：17.5 彩插：12
字数：518千字 2008年4月第1版
印数：6 001-8 500册 2008年8月北京第2次印刷

著作权合同登记号 图字：01-2007-5488号

ISBN 978-7-115-17399-7/TP

定价：69.00元

**读者服务热线：(010)67132705 印装质量热线：(010)67129223**

**反盗版热线：(010) 67171154**

# 内容提要

本书由韩国知名DSLR摄影俱乐部佳能300Dclub编著，参与本书编写的作者是来自各个领域的专业摄影师，有擅长新闻摄影的摄影记者，有从事风光摄影的职业摄影师，有擅长人像摄影的商业摄影师，以及从事纯艺术摄影的摄影家等。他们通过详细的参数图表、示意图等直观明了地向读者介绍数码单反摄影的必备知识，包括摄影器材、持机姿势、成像原理、构图法则等内容，通过系统而完整的介绍引领读者进入DSLR的摄影世界。作为《DSLR数码单反摄影创作与后期修饰》的姊妹篇，本书同样适合摄影爱好者、专业摄影人员、印刷品以及Web设计人员学习使用。

# 目 录

# 目 录

Part 01

# 现在就行动！从学习DSLR原理开始！

01

# 正确选购DSLR相机！全面了解DSLR，理性消费

本章将详细介绍照相机的操作原理，带领读者了解DSLR到底为何物，以及应该如何进行操作等基本内容。此处，本章还将介绍在购买DSLR装备时必须确认的事项，并带领读者熟悉经常使用到的像素概念及各个照相机品牌的特点。

# 为何选择DSLR 01

数码的便利性加上SLR的专业性就等于DSLR。虽然不知道DSLR热潮到底能持续多久，至少现在却有许多人在狂热迷恋着DSLR。为什么会对DSLR如此兴奋？仔细想想，难道不是因为大家都想把自己的梦想变成现实吗？能够将梦想变成现实的DSLR为何有如此高的人气？下面就让我们从照相机原理开始直至DSLR的优缺点，仔细地逐步研究一番。

## 01 照相机的历史与原理

**照相机的历史可以追溯到亚里士多德时代，但从根本上讲应该从工业时代开始算起。下面来了解一下照相机的简明历史和操作原理。**

### ● 照相机的历史

照相机摄影的原理，是使外部光通过镜头后在胶卷等感光材料上摄下影像的过程。Camera的词源是Cameraobscura，探究其含义可追溯至公元前的拉丁语中表示“黑暗的房子”之意。即，在黑暗的房间中，利用从细孔透过的光线在其反面墙上投影出外面的景象。早期阶段的Cameraobscura没有镜头，只有透光小孔的针孔照相机（Pinhole Camera）。1550年，意大利物理学家卡尔达诺（Cardano）发明了以配载镜头来代替针孔的照相机。而初具现代照相机模样的最早的照相机是1839年法国巴黎画家达盖尔（Daguerre）和科学家尼塞福尔·涅普斯（Nicephore Niepce）二人共同开发的银版照相机。

1884年，J. Eastman首次公开销售胶卷。1888年，柯达相机开始销售使用胶卷的照相机。1925年，一个叫O. Parnak的人首次展示了使用35mm胶卷的莱卡相机。世界上最早的35mm SLR相机是1936年德国Dresden Ihagee公司首次推出的Kine Exakta机型。而现在这种不使用胶卷的数码相机，最早是1981年由索尼公司推出的Mavica相机。最早的DSLR是1990年由柯达推出的DCS100。

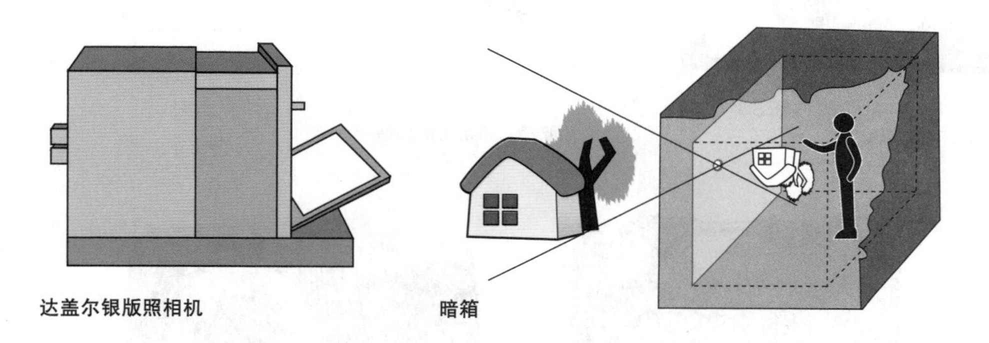

达盖尔银版照相机　　暗箱

### ● 照相机的原理

回想一下在中学课堂上制作过的针孔照相机吧。首先，一起来看看利用从小孔中进入的光线形成影像的简单照相机原理。光圈用于调节进入镜头的透光量。快门相当于在感光片前开关门的工具，用以调节光进入的时间。反光镜在快门幕前，供拍摄者在拍摄前通过取景器观察画面。拍摄者在拍摄前决定好曝光程度后按下快门，快门幕向上升起，在感光纸上形成被摄体。

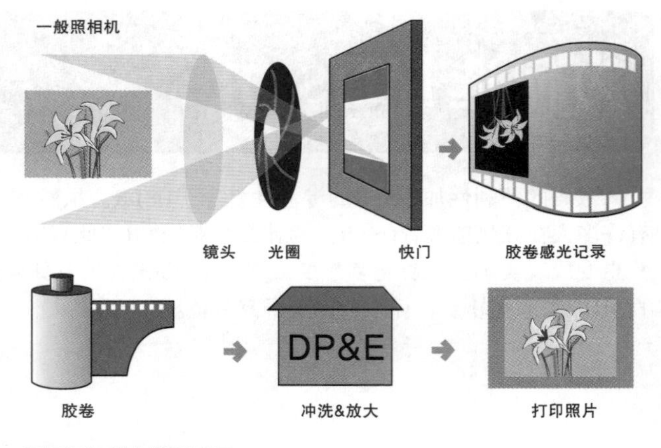


照相机的基本摄影过程

## 02 SLR vs DSLR

**下面介绍SLR和DSLR的基本结构以及其他相机的具体构造。**

SLR是“Single Lens Reflex”的缩写，被称为单镜头反光式照相机（Single Lens Reflex Camera）。一般的Range finder 旁轴取景式相机，拍摄被摄体的镜头和直接取景的取景器各自观察被摄体，角度稍有不同，因此产生视差。即所拍的景物并不是你所看到的，会有略微的差别。像这种要通过镜头和取景器来观察被摄体的相机称之为旁轴取景式相机。携带型相机大部分都是旁轴取景式相机。即，通过数码相机的液晶显示器所看到的画面，实际上和拍摄下来的画面是有区别的。

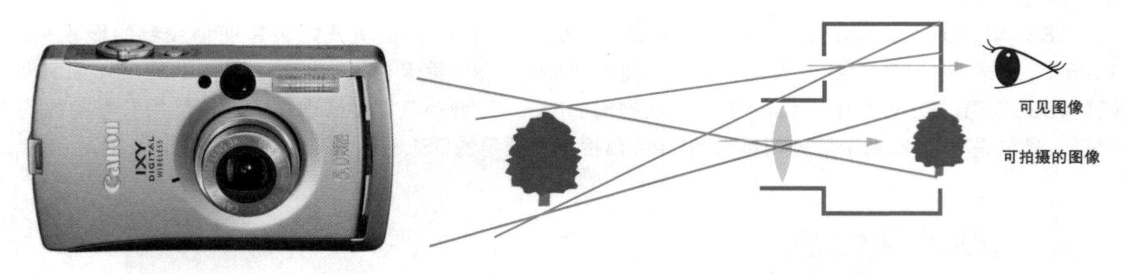


佳能IXY DIGITAL WIRELESS
旁轴取景式照相机

旁轴取景式照相机的构造

尼康COOLPIX5400 旁轴取景式照相机

三星 KEHOX X85 旁轴取景式照相机

和单镜头反光式相机的概念类似，还有双镜头反光式相机（Twin Lens Reflex）。主要使用于中型相机，具有双镜头。上面的镜头用于取景，下面的镜头用于拍摄。对于单镜头反光式相机，在进行长时间曝光时在按下快门时反光镜上翻，拍摄者无法看到景物，而双镜头反光式相机正好弥补了这一缺点，可以一边观察被摄体一边进行拍摄。

双镜头反射式相机

双镜头反射式相机（300Dclub）

但是双镜头反射式相机无法替换镜头，重量较重，一般人使用比较困难。为了解决这个难题，SLR应运而生。这时候可以通过反光镜向人眼传达通过镜头进入的景物影像，而镜头所对准的被摄体影像和在取景器中所看到的被摄体影像是一致的，这就是SLR名字的来源。

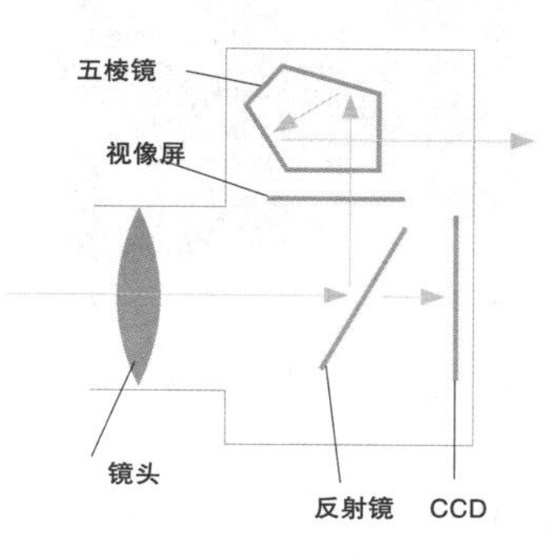


DSLR的构造和SLR基本相同。最大的差异就是把存储介质胶卷换成了CCD或者CMOS。因为其结构上的特点，DSLR液晶显示屏的使用与一般数码相机不同，只能在确认拍摄景物时使用。这也是初步接触DSLR的人要经历的最大的一个不同点之一。虽然会觉得不方便，但是只要理解了DSLR的结构就能明白其中的道理了。

tip

**DSLR也能够使用后背LCD取景方式来拍摄了！**

2006年初，奥林巴斯推出E-330样机，这在DSLR中是最早采用后背LCD取景器方式来进行拍摄的一款机型。

奥林巴斯E-330

## 03 DSLR vs 高级便携式数码相机

**数码相机大致可以分成3种，在了解DSLR之前我们先来了解一下数码相机的种类。**

第一，袖珍数码相机。

从袖珍这个单词，我们既可以了解到相机的机身应该非常薄而轻，携带也很便利。虽然机身薄会限制很多功能无法使用，但是使用者只要按下快门就能够拍到照片，所以又称之为傻瓜相机。虽然使用方便，但却无法表现纵深感，特别是在室内摄影中有许多缺陷。尽管如此，由于其携带方便，对于不太了解数码相机的入门者来说在室外拍摄还是不错的。

尼康COOLPIX S3

佳能IXUS I ZOOM

宾得OPTIO M10

索尼CYBERSHOT DSC-T30

奥林巴斯μ700

三星KENOX S800

第二，高级便携式数码相机。

高级便携式数码相机的准确意义是，包括袖珍数码相机所有功能的高级型相机。如果说袖珍数码相机是为了能够方便快捷地进行摄影而以自动功能为主的话，高级便携式数码相机则包含了可调光圈、可调快门速度、ISO数值、白平衡等数码相机的重要功能，让使用者可以直接手动操作。最近大部分的袖珍数码相机和高级数码相机都包含了DV影像拍摄功能。与高级数码相机相比袖珍数码相机要更重，更憨实，机身也更厚。包含的功能多，自然会更重了。虽然具有袖珍相机不具有的许多功能，但无法像DSLR一样替换镜头来变换视角，拍摄有表现力的照片时还是受限制。但还是积极推荐旅行者使用这类相机，DSLR太重携带极为不便，袖珍相机功能又有限，而这类数码相机在携带时相对容易，同时又具有手动功能。但因其至今仍然没有摆脱旁轴取景构造，最大的缺点就在于由于传感器的尺寸小，即使稍稍提高ISO数值，也无法避免出现严重噪声。目前DSLR的普及率在急剧上升，一般人购买时也都在袖珍数码相机和DSLR两种类型中进行挑选，佳能在2005年12月推出号称为高级便携式数码相机的代言者G6之后先后推出了G7、G9等新机型。在价格上和DSLR的区别也不大，所以目前看来，选择高级便携式数码相机的人不会太多。尽管如此，其使用阶层目前来说还是很广泛，部分高级便携式数码相机也具有可与DSLR抗衡的功能和画质。

尼康COOLPIX8800

佳能POWERSHOT A610

佳能POWERSHOTG6

三星PRO815

索尼CYBERSHOTDSC-R1

第三，专业型DSLR。

也被称为单镜头反光式数码SLR。这是因为这类机型能够随意替换镜头，可以表现从广角到长焦等多种视角，而且还具有对一般人而言极具诱惑力的散焦功能。此外，可以使用大尺寸的影像传感器，即使提高ISO数值，仍然能够保证低噪声的好画质。入门级DSLR现在以不到4000元的价格就能够买到，DSLR日益得到普及。DSLR的种类，有几千元的入门级，5000元左右的准专家型，也有几万元的高级专业型等众多产品。本质上讲，在数码相机已经很普及的2000年后，许多使用者在熟悉袖珍数码相机和高级数码相机后，又提出了更高的要求，希望能够拍摄更高水准的照片，在这种背景下，DSRL的人气开始急剧上升。

佳能350D

尼康D70s　佳能5D　尼康D200

富士 S3Pro　佳能 1Ds Mark II　柯达 DCS Pro SLR/n

## 04 DSLR的特点

**无论能拍出多漂亮的照片，DSLR还是会有着自己的特点。下面简单介绍一下DSLR的特点。**

### • 优点

1. 画质优良。
2. 可以轻松使用Photoshop对照片进行后期编辑。
3. 可以准确设置白平衡。
4. 摄影后可以通过LCD确认曝光、色彩等。
5. 使用者众多，可以在互联网上得到许多信息。
6. 镜头的选择范围大，可以表现多种视角，可以进行散焦拍摄。
7. 拍摄图像记录EXIF信息，可以确认拍摄信息并进行共享。

8. 没有在袖珍数码相机中出现的快门延迟现象，反应速度快。

9. 连拍速度快。

10. 各品牌都有自己的特点，可以依据自己的喜好进行选择。

tip

### 快门时滞

快门时滞是指从按下快门的瞬间开始，到实际开始拍摄之前的时间。如果购买的是普通数码相机，有几个事项一定要进行确认。这其中就包括快门时滞。各制造商会通过数码相机的测试标志出快门lac速度。一般的入门级数码相机会有0.2~0.5s左右的快门时滞，快门时滞越长则照片越容易受抖动影响。

## ● 缺点

1. 大部分的DSLR都是小CCD机种，相比35mm相机，视角要窄。因此不利于广角取景。

2. 盲目信赖Photoshop的功能，往往使很多人忽略实际拍摄。通过后期编辑来完善照片并没有错，但是应该对本来就拍得好的照片进行编辑才能得到更好的作品。

3. 维护费用虽然较便宜，但是DSLR的初期购入费用相比胶片相机来说要贵很多。

4. 很难表现出只有胶片才能表现的独特色感。

5. 无法拍摄动态影像，大部分的DSLR无法一边看着LCD一边进行拍摄。最近，也出现了能够一边看着LCD，一边拍摄的DSLR。

6. 使用长焦镜头时，又重又不方便，必须使用三脚架才能进行拍摄。

7. 替换镜头时，在CCD中进入灰尘或异物而引发故障的几率比较高。

8. 按下快门时一定会发出“咔嚓”的声音。这种震动会使CCD稍作移动，这就是声响的原因。

9. 想要灵活使用DSLR，必须投入大量的时间学习。

10. 出现摩尔纹现象时，有时会无法显示特定的颜色。

tip

### 什么是摩尔纹现象?

所谓摩尔纹现象，是指两个图案重叠在一起产生干扰图案。在数码相机中，偶尔会发生这种摩尔纹现象，这是因为在拍摄时，把被摄体的图像大小拍小了的缘故。

我们在日常生活中也可以经常见到摩尔纹现象。电影中直升飞机的螺旋桨在快速旋转时，在人眼中看来却像在慢慢地反向旋转，这也是一种摩尔纹现象。为了消除这种现象，把重叠的图案覆盖掉，可以通过拍摄高解析度的图像或者使用Photoshop中的高斯模糊来消除，还可以装上柔焦滤镜进行拍摄。此外，在Photoshop中也许能看到摩尔纹现象，也可能看不到，如果看不到可“另存为”。

出现摩尔纹现象的照片

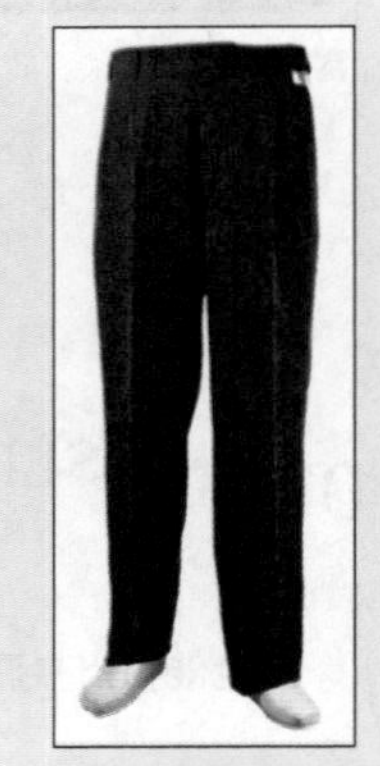

摩尔纹现象消除后的照片

# 哪款DSLR适合我 02

这个世界上最好的装备并不一定是最贵的，而是最适合自己的装备。要拍摄到自己想要的照片，就要选择最最适合自己的装备，这可绝对不是件容易的事情。首先要具备基本的专业知识并了解选择的方法。有些人一味听从他人的意见而不考虑自己的经济承受能力，不管好坏买下昂贵的装备和并不需要的镜头，结果却根本用不上。随着时间的推移，这些人还会不断地追逐新品，更换毫无意义的装备。如果想要正确地选择DSLR，必须有以摄影为目的的正确意识和具备DSLR的基本常识。下面我们来看看选择DSLR时哪些东西是必须具备的。

## 01 DSLR选购注意事项

**选购汽车时首先要关注的是什么？应该是排气量。选购DSLR时也一样，也有需要首先关注的事项。就如排气量决定着汽车的其他功能一样，DSLR也有着几项起决定性作用的重要指标。我们来看看在购买DSLR时一定要确认的事项和注意点是哪些。**

### ● 影像传感器（CCD、CMOS）的尺寸

决定汽车排气量的是发动机的大小。发动机大则排气量也大，输出功率也不相同，所以这个大小加上其他的选项决定着汽车的价格。而在DSLR中起着和汽车发动机类似功能的是CCD（或CMOS）。下面来看看CCD是什么，尺寸如何，在DSLR中又起着什么样的作用。

像素（Pixel）是一般人在购买DSLR时最先注意到的事项。但如果从结论开始说起，以多少万像素来选择机型其实很有点盲人摸象的意味。虽然像素数量也很重要，但更重要的是应该了解正确的概念与决定像素的因素间的关系。像素数量取决于影像传感器（CCD或CMOS）的大小。影像传感器越大则可以表现出更多的像素，但因为受限于DSLR的大小，不同的机型影像传感器的尺寸也不同。在胶片照相机中，135幅相机的35mm(36mm × 24mm)是最为常用的胶片，这也成为DSLR的影像传感器的比较基准。DSLR中所安装的影像传感器的尺寸一般要比35mm胶片小。或许有人会想为何不做成一样大小的呢？但实际上，影像传感器的成本极高，考虑到经济方面的条件只能是越小越合适了。比如，佳能推出的1Ds Mark II机型，配载了和胶卷同样大小的影像传感器。随着影像传感器的大小不同像素多少也有区别。因此，平时在选购数码相机时不要只以像素多少来作为选择的标准，而应该把DSLR中的像素多少和影像传感器的尺寸一起作为选择的重要标准。

**代表性DSLR机型的最大像素数与影像传感器的尺寸**

| 佳能机型名 | 影像传感器大小（mm） | 比例 | 最大像素（单位：万） |
|---|---|---|---|
| 1Ds Mark II | 36.0 × 24.0 | 1:1 | 1 720 |
| 5D | 35.8 × 23.9 | 1:1.00671282644016 | 1 330 |
| 1Ds | 35.8 × 23.8 | 1:1.003350093113598 | 1 110 |
| 1D Mark II | 28.7 × 19.1 | 1:1.25261233304793 | 850 |
| 1D | 28.7 × 19.1 | 1:1.25261233304793 | 406 |
| 30D | 22.5 × 15.0 | 1:1.60000000000000 | 850 |
| 20D | 22.5 × 15.0 | 1:1.60000000000000 | 850 |
| 350D | 22.2 × 14.8 | 1:1.62162162162162 | 820 |
| 300D | 22.7 × 15.1 | 1:1.58311896715326 | 650 |
| D60 | 22.7 × 15.1 | 1:1.58311896715326 | 652 |

| 尼康机型名 | 影像传感器大小（mm） | 比例 | 最大像素（单位：万） |
|---|---|---|---|
| D2X | 23.7 × 15.7 | 1:1.51137816557964 | 1 280 |
| D2Hs | 23.7 × 15.5 | 1:1.51137816557964 | 426 |
| D2H | 23.7 × 15.5 | 1:1.51137816557964 | 426 |
| D1x | 23.7 × 15.6 | 1:1.51137816557964 | 532 |
| D1H | 23.7 × 15.6 | 1:1.51137816557964 | 266 |
| D1 | 23.7 × 15.6 | 1:1.51137816557964 | 266 |
| D200 | 23.7 × 15.8 | 1:1.53063216693319 | 1 092 |
| D100 | 23.7 × 15.6 | 1:1.51137816557964 | 631 |
| D70s | 23.7 × 15.6 | 1:1.51137816557964 | 610 |
| D50 | 23.7 × 15.6 | 1:1.51137816557964 | 610 |

| 富士机型名 | 影像传感器大小（mm） | 比例 | 最大像素（单位：万） |
|---|---|---|---|
| S3Pro | 23.0 × 15.5 | 1:1.57908406790345 | 1 290 |
| S2Pro | 23.0 × 15.5 | 1:1.57908406790345 | 617 |

| 宾德机型名 | 影像传感器大小（mm） | 比例 | 最大像素（单位：万） |
|---|---|---|---|
| *ist DS2 | 23.5 × 15.7 | 1:1.53453187294164 | 610 |
| *ist DL | 23.5 × 15.7 | 1:1.53453187294164 | 610 |
| *ist DS | 23.5 × 15.7 | 1:1.53453187294164 | 631 |

| 京瓷·康太时机型名 | 影像传感器大小（mm） | 比例 | 最大像素（单位：万） |
|---|---|---|---|
| N Digital | 36 × 24 | 1:1 | 600 |
| 柯尼卡机型名 | 影像传感器大小（mm） | 比例 | 最大像素（单位：万） |
| 5D | 23.0 × 15.7 | 1:1.53453187294164 | 610 |
| 7D | 23.0 × 15.6 | 1:1.5339203377028 | 630 |
| 适马机型名 | 影像传感器大小（mm） | 比例 | 最大像素（单位：万） |
| SD9 | 20.7 × 13.8 | 1:1.7391304347826 | 354 |
| SD10 | 20.7 × 13.8 | 1:1.7391304347826 | 340 |

如上表所示，各公司上市的DSLR机型的影像传感器大小都不相同。也可以以表中的比例为基准，对1.5非全画幅相机进行区分。这个比例的正确含义是什么？

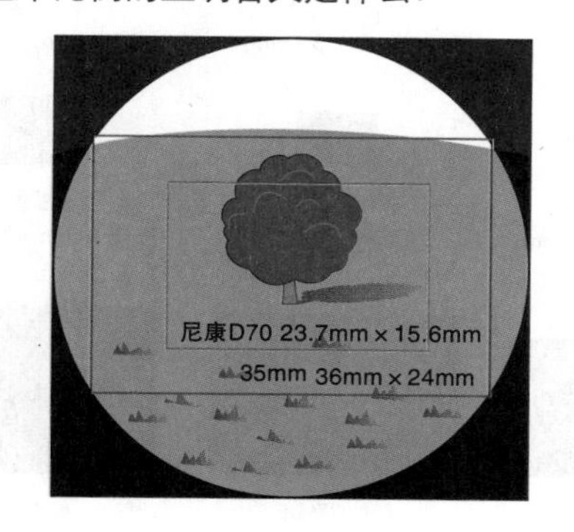


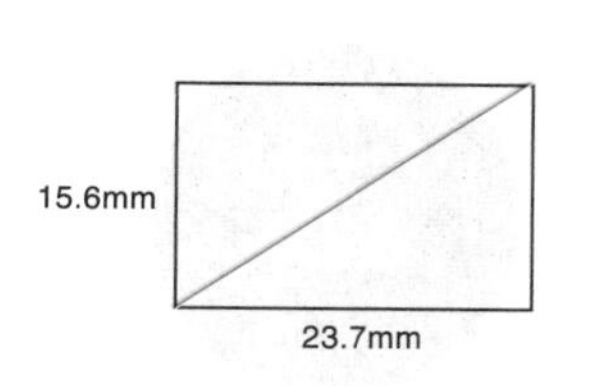


尼康D70 CCD大小

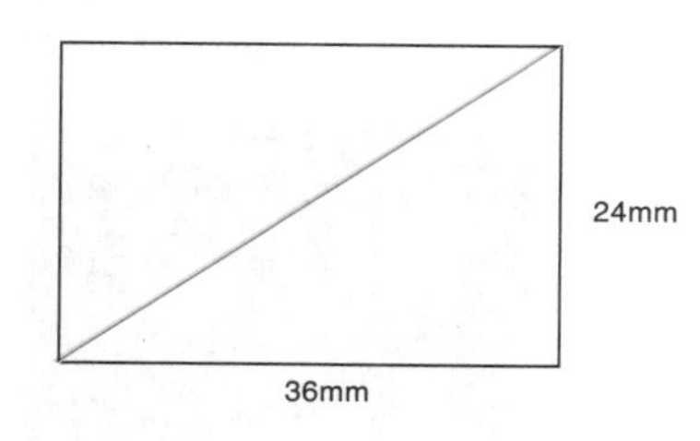


35mm胶卷大小

上图就是尼康D70的影像传感器和35mm胶片的实际大小的比较图片。通常在谈到电视或显示屏时，都以英寸来表示画面的对角线。同样，影像传感器的大小也是以对角线的长度来进行比较。实际计算后发现，尼康D70的对角线长度大约为28.373mm，35mm胶片约为43.267mm，双方的比例大约为1：1.5。即35mm胶片的对角线长度是尼康D70对角线长度的1.5倍。这种比例的差异在拍摄的照片中会体现出来。比较上面的图表中的CCD大小，得到如下结果。

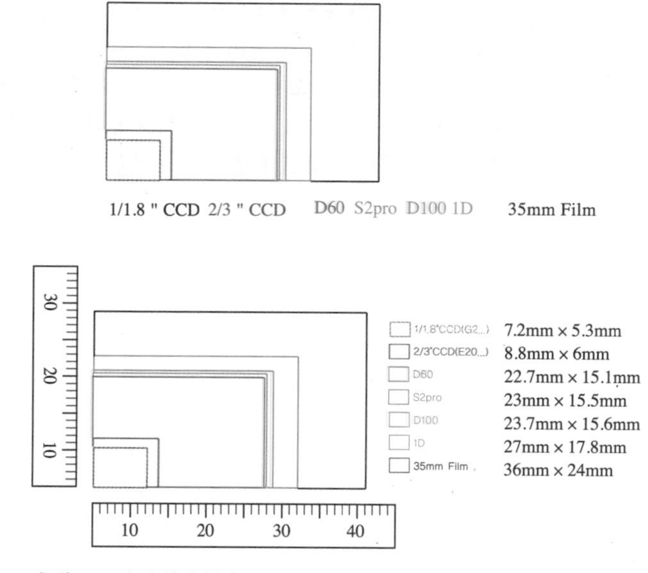


各种CCD大小的比较表1

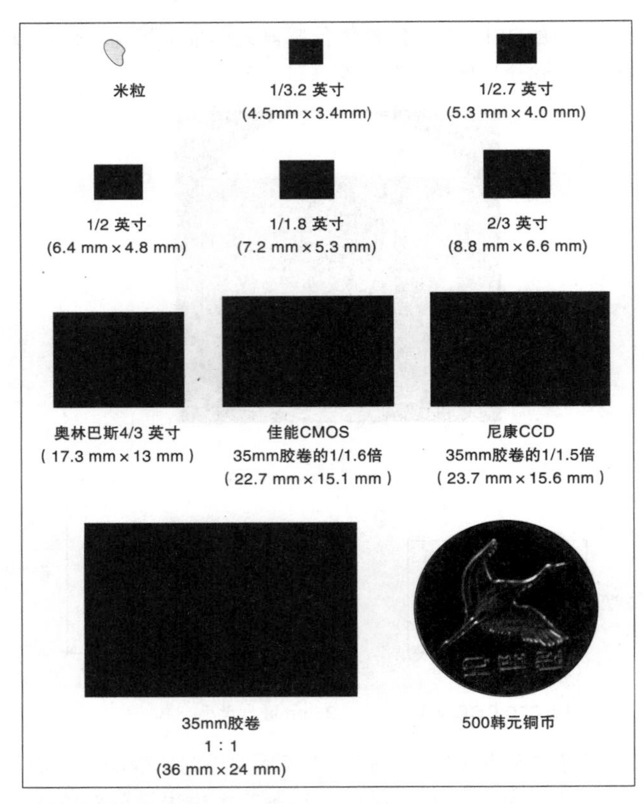


各个CCD大小的比较表2

如上所述，影像传感器的大小是如心脏般决定DSLR性能的重要要素。那么，应该选择多大的影像传感器呢？这就要视购买预算和使用的目的而定了，而费用问题又是最主要的因素。1：1比例的佳能1Ds Mark II大约是6万元。实际上这对于刚接触DSLR的人来说都是非常不合理的价格。1：1.6比例的佳能350D或1：1.5比例的尼康D50机型价格未到4000元，这都属于低价位的机型，同时性能也非常优秀。能以1：1视角进行拍摄当然好，但通过非全画幅相机也可以学习拍摄非常优秀的照片，刚刚入门实在没有必要投入过多的费用。但随着摄影时间的增加，所有人都会希望拥有1：1的DSLR。因此还是希望读者能记住，影像传感器的大小是决定DSLR的价格和主要性能的基准点。在考虑好自身的预算、摄影目的，以及本人的摄影熟练程度后，挑选最适合自己的CCD。

# 奥林巴斯的4/3系统

所谓的奥林巴斯4/3系统，是为了改善在剪裁画幅相机中使用35mm胶件相机的镜头时发生的镜头视角变小的问题而设计的系统。35mm胶片的画面比例为3：2，而奥林巴斯的新系统是按显示屏的画面比例4：3为基准所制作的为DSLR配载的专用CCD。装上4/3系统专用镜头时，虽然比35mm小，但是可以表现全视角，以保证镜头的原有视角。

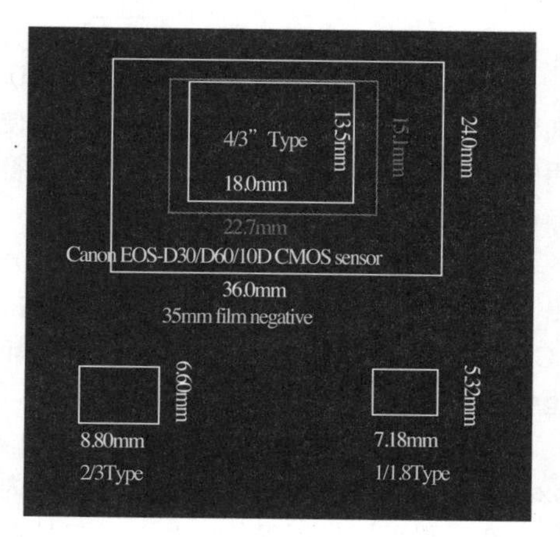


4/3系统相比35mm景深要大，相对而言不利于散焦表现。例如，在35mm胶片中没有光圈数值，f8的景深在4/3中和f4的景深十分相似。4/3专用镜头的焦距是2倍，和35mm镜头的视角相同。4/3系统的缺点是奥林巴斯抛开了既有的35mmCCD，导入了一种新的系统，而能与之相配的镜头比较少。但是，渐渐地适马等许多企业也开始对4/3系统感兴趣，相继推出一个个与之相配的镜头，所以建议留待以后慢慢观察。另外，4/3系统的早期机型E-10和E-20因为带有4/3系统专用镜头而无法更换其他镜头，因而许多人并不把它归类为DSLR，但事实是E-10和E-20确实属于DSLR。

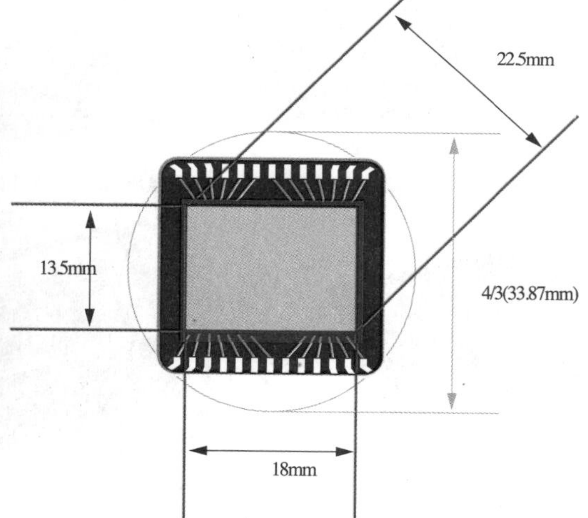


## • CCD、CMOS，哪一个更好？

在前面多次提到CCD和CMOS，下面介绍一下它们的真正含义。CCD和CMOS是作为数码相机的影像传感器而使用的代表性的两类传感器，是区分胶卷照相机和数码照相机的决定性部件。目前佳能大部分机型都采用CMOS，尼康则采用CCD。

CCD是“Charge Coupled Devices”的缩写，在数码相机中起到胶卷的作用。准确来说，在胶卷中是同时进行感光和保存，而在数码相机中则是由CCD进行感光，由存储卡进行保存。

CCD就是传送光的电子信号的装置。CCD的基本单位是像素，CCD组合各个像素的信息而显示出图像。像素根据设计方式不同，可分为四方形和八角形排列组合。

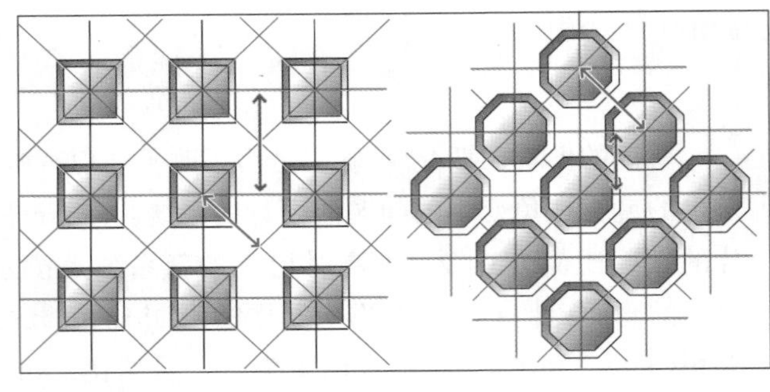

像素的排列方式

CCD的像素只认知光的强弱，无法认知光的颜色。为了认知颜色，在CCD上使用RGB滤镜，组合通过滤镜的数值以获得颜色的信息。

CCD在处理噪声和残像方面具有十分出色的能力。但是，因其造价非常高，(CCD的面积越大则造价越贵)，电力消耗也会随之增大。

CMOS是“Complementary Metal-oxide Semiconductor”的缩写，应用内存生产工程可以进行廉价的生产，单块芯片上可以承载许多的功能，电力消耗少，使得更为轻巧的数码相机的出现成为可能。但是，对光的感应度不强，相比CCD，噪声的处理要弱。但目前佳能已经开发出可以很好地处理CMOS噪声的图像处理技术并应用于DSLR中。

佳能5D的CMOS

装载在佳能5D上的CMOS

佳能300D CMOS

佳能1Ds Mark II的CMOS

尼康D200的CCD

尼康D50的CCD

尼康D2H的CCD

奥林巴斯E330的CCD

| 影像传感器 | 优点 | 缺点 |
|---|---|---|
| CCD | 适于高质量画质，噪点少 | 造价高，<br>电力消耗大，<br>生产过程繁琐，<br>容易附着异物 |
| CMOS | 造价便宜，体积小且轻，<br>电力消耗小，适于全画幅 | 感应度较弱，噪声处理过程较长 |

## • 像素的多少

不知道从什么时候开始，像素已经成为了区分数码相机的最基本尺度。但是，像素虽然是数码相机中非常重要的部分，却不是最核心的。即像素越多就等于数码相机越好的公式并不成立。下面来了解像素的真正含义。

一般在购买数码相机时，考虑最多的事项就是像素。数码相机的像素之争误导着消费者，以为只要拥有高像素的数码相机就能够拍摄到好画质的照片。一般的袖珍数码相机，CCD小，像素却很高。像这样在很小的CCD中置入过多的像素，其实只会导致画质下降，特别是当提高ISO数值时会无法避免出现严重的噪声现象。像素数量对数码相机的影响，如果不考虑印刷问题，在显示器上所能体现的也就是照片的大小不同而已。大部分的普通DSLR用户，在拍摄照片以后会选择在计算机中进行后期编辑，即使要进行冲洗，一般为了便于保存也都不会选择大尺寸的图像。如果不是用作商业用途的照片，像素数量的多少其实并不是太敏感的问题。

此外，500万像素代表的是数码相机能够拍摄的最高像素数量，并不是说该相机无论在何种条件下都以500万像素进行拍摄。根据设定可以选择300万像素进行拍摄，也可以选择更低的80万像素进行拍摄。像素数量是选购数码相机的参考值而不是决定值。像素虽然是决定画质的要素，但在不考虑CCD大小和图像处理技术的情况下，只以像素来区分性能却是非常矛盾的做法。佳能300D的CCD大小为22.7mm×15.1mm，350D的大小为22.2mm×14.8mm。但是300D的像素数量为630万，350D的却为800万。乍看来，350D的CMOS比300D的小，像素高，似乎画质应该不如300D。但300D中采用的是佳能的图像处理技术DIGIC，而350D中采用的是DIGICII，以此解决了因为CMOS尺寸而引发的图像质量低等系列问题。结论是，像素大小是在选购DSLR时必须确认的事项之一，但不是绝对性的基准。

### 1. 像素的正确含义与在显示屏中确认像素

构成数码图像的基本单位是像素，即图画最基本的构成单位。英文单词是“picture element”，两单词合二为一即“pixel”。

| 像（Picture）+素（Element）=像素（Pixel） |
|---|

在Photoshop等图形编辑软件中，可以连续放大图片。在放大的图像中一个四方形就是一个像素，每个像素通过RGB数值的组合来构成色彩，最终表现出图片的颜色。

不管照片的像素有多大，都要首先通过显示器进行确认。因为显示器画面本身也是图像，所以每个显示器都有固定的像素。首先确认一下自己的计算机设定的像素是多少。

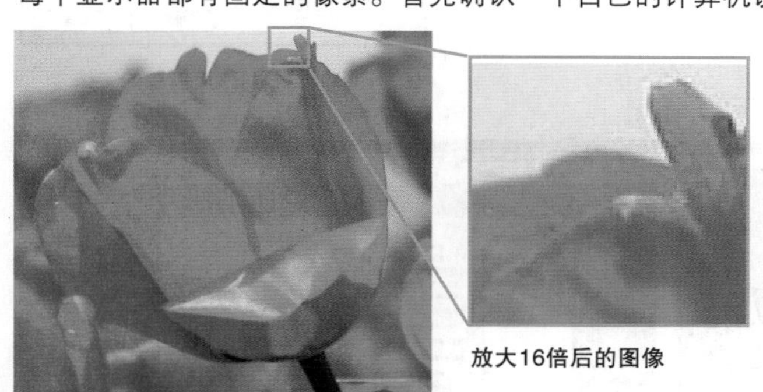

放大16倍后的图像

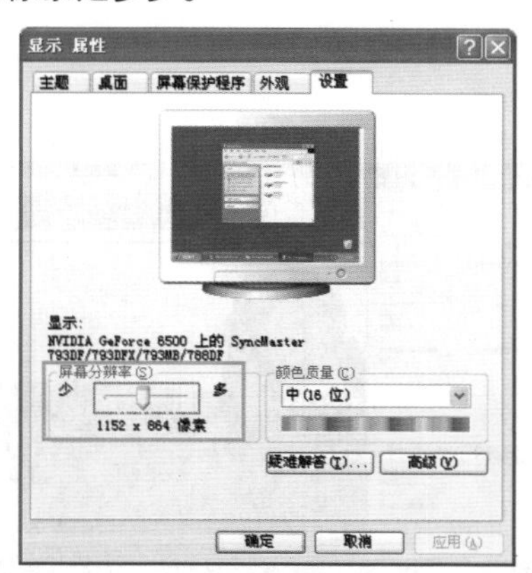


确认显示器解析度的方法

在桌面上单击鼠标右键，选择“属性”，出现“显示属性”对话框，单击“设置”标签，可以看到画面的分辨率，即可知道自己的计算机是以多少万像素显示的。

1024×768代表每个横列的像素都是1024个，每个竖列的像素都是768个。横向长度乘以纵向导长度则可得知在画面上有786 432个像素。即，显示器画面的像素数是786 432万。

观察一下，图像大小根据像素数量是如何进行变化的。

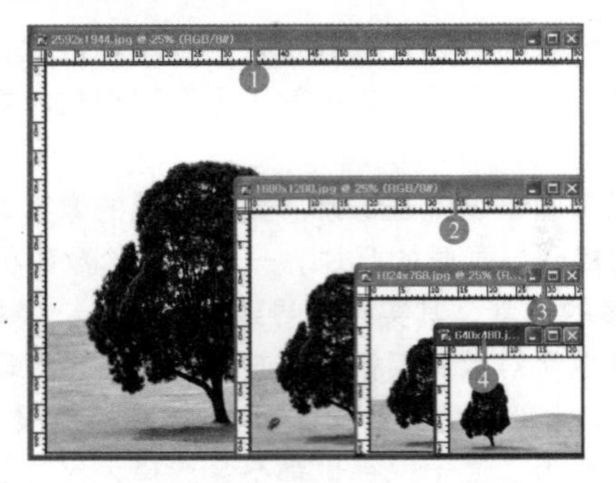

1. 照片2592×1944=5 038 848像素
2. 照片1600×1200=1 920 000像素
3. 照片1024×768=786 432像素
4. 照片640×480=307 200像素

即，照片放大不超过200%时，像素和画质无关，只取决于屏幕上的照片大小。

### 2. 总像素与有效像素数量

观察DSLR的各项性能，可知像素数量又分为总像素量和有效像素量。总像素量是指DSLR所能够表现的像素的最大的数量，有效像素是指在拍摄时构成实际照片的像素量。总像素比有效像素要略大一些。

| 机型 | 总像素量 | 有效像素量 |
|---|---|---|
| 佳能350D | 820万像素 | 800万像素 |
| 尼康D70s | 624万像素 | 610万像素 |
| Pentax*istDS2 | 631万像素 | 610万像素 |

那么，为什么总像素量和有效像素量存在区别呢？这是因为总像素量里面包含了EXIF信息的缘故。EXIF信息是已拍照片中所包含的信息，如DSLR机型、光圈数值、快门速度、ISO数值、焦距和拍摄时间等照片的最基本信息。EXIF信息可以通过各种图片浏览器或图像编辑软件进行确认。

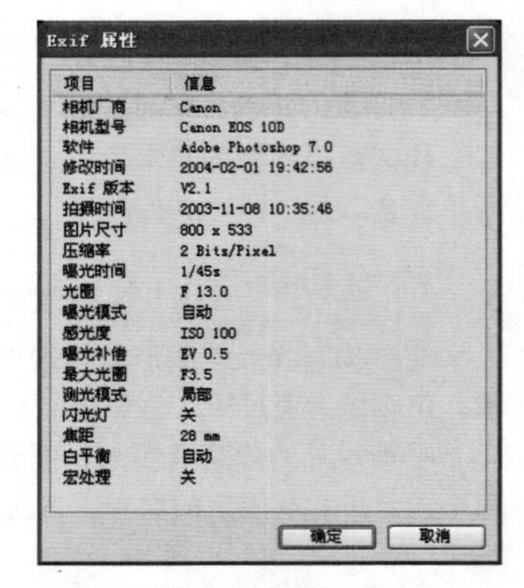


使用PC软件确认EXIF信息的方法

在Photoshop中确认EXIF信息 1

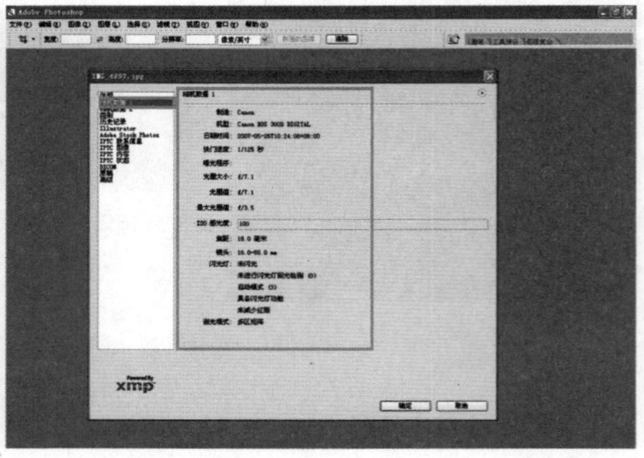

在Photoshop中确认EXIF信息 2

DSLR所具有的像素数与影像传感器的大小以及照片的解析度有直接关联。因此，不能够说像素越高的DSLR就越好，应该把像素数量和影像传感器的尺寸同时考虑。

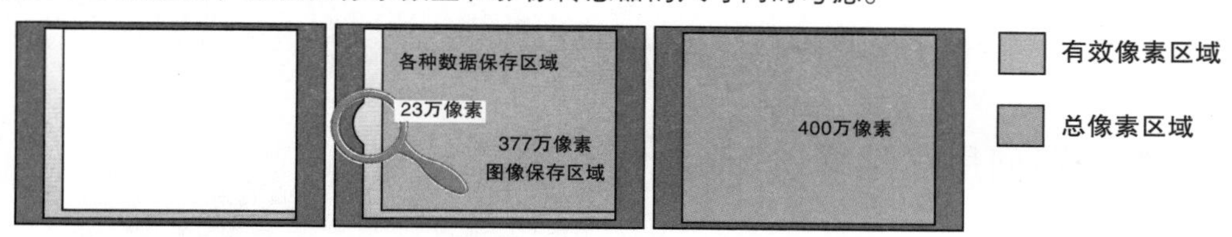


## ● 对镜头互换性的考虑

在DSLR装备中占有最大比重的就是镜头。有人说："相机是消耗品，镜头是收藏品"，从这句话中可以看出镜头在DSLR中占据着十分重要的地位。要学习DSLR的拍摄，首先要对镜头的种类和特性进行详细的了解，具备能够独自判断某种状况需要何种镜头的能力。

DSLR装备的魅力就在于它可以替换镜头。普通DSLR的费用构成按比率来进行计算的话，应该说相机占30%，镜头占70%。从更长期的观点来看，DSLR的使用时间越长，则镜头所占的比重就越高。因此，镜头的选择对于DSLR用户来说也是件痛苦的事情。本来拍摄是件以兴趣为主的事情，但却要为镜头而不断苦恼。因为要把市面上所有的镜头全部买回来需要巨额的费用，这不能不说是个极大的负担。人的需求随时会变，只拥有几个镜头当然不能够满足所有的状况。在爱好者聚会上看到别人的高级镜头，自己想拥有一个，于是几百万韩元又出去了，这种情况屡不鲜见。又或者即使无法购买，也会在心里面羡慕上个几天几夜，这种事情应该不少人都经历过。笔者以为以上这些都是因为对镜头没有正确的认识以及对自己的能力没有准确的把握所致。建议大家在选购DSLR时，充分考虑适合自己的镜头。

第一，关注想要购买的DSLR厂商所制造的镜头产品。

DSLR制造厂商大部分都是机身和镜头一起生产。另一方面，也有专门生产镜头的厂商。如果决定了要一直坚持摄影，则要考虑到一旦购买了某个品牌的DSLR，再要换其他品牌可不是那么容易的事情。因为你已经熟悉了已有的镜头，大多数情况下都只能够买和机身相同品牌的产品了。因此，在一开始选购DSLR时，就要考虑到以后会增加镜头的情况，必须对该品牌的镜头产品进行广泛的关注。如果只凭旁边人的意见和广告的宣传就做选择，以后碰到自己想要的镜头时就会比较痛苦了。

第二，判断目前自己的拍摄实力。

通常情况下，DSLR入门用户在初次购买时，销售商或周边的人都会劝你除了原装配套镜头之外，再买一个50mm的定焦镜头。在买下DSLR后三个月至一年的时间内是基础学习阶段，这段时间主要是通过菜单和各种信息熟悉DSLR的自动操作方法如白平衡、光圈值、快门速度、ISO数值、测光和曝光补偿等等，在完全掌握DSLR的基本自动操作方法和机械结构知识之前，建议不要再购入其他镜头。因为这个阶段的使用者一般都是给家人朋友或周边风景进行拍摄。像这类一般日常生活的拍摄，用18-55mm的配套镜头和50mm定焦镜头来应付已经绰绰有余。通过使用这两种代表性的镜头来完全掌握DSLR的功能，一边拍摄周边风景和人物一边进行学习是比较有效的。

第三，如果想再购买镜头，应当对镜头有了足够的了解。

渡过了以上所说的学习阶段之后，看到其他人拍摄的好照片，自己也会希望能够拍摄有自己独特风格的照片。从这时候，镜头的苦恼便会开始了。这时候会发觉在学习阶段期间并不清楚自己想要拍摄什么样的照片。风景照片、人物照片、还是特写、了解了摄影目的便可以对不同领域的镜头种类和价格进行观察、选择购买适合自己的镜头了。

第四，关注交换性。

买完镜头后，进行一段时间的分类拍摄后，就应该换镜头了。当然，像某些特定镜头是应该保存一辈子的。但镜头价格昂贵，不妨与他人交换镜头或通过中介进行转卖然后购入新镜头。这是一种长期预算的做法，镜头价格虽高，但其收藏价值也高，在中介市场上的回转率也极高。在购买镜头时应该考虑到镜头的回转率和交换性。

## 02 根据不同用途选择DSLR

**如果说在足球比赛中，教练通过适当地调整选手上场而赢取比赛的话。同样的，选择适合自己拍摄用途和目的镜头，不仅经济方面受益，对镜头的使用也能够事半功倍。下面就讲解如何根据摄影目的来选择适当的镜头。**

### • 根据兴趣来选择

DSLR之所以有如此高的人气，是因为大家都能够轻松地拍摄自己的照片。以往只能由专家们拍摄的那些漂亮的、充满幻想的、富含生活气息又充满想象力的照片，现在谁都可以亲自动手拍了。大部分人购买DSLR是用于拍摄家人和自己喜欢的风景。而对于DSLR的入门者而言最苦恼的应该是费用问题。因为在购买作为业余爱好使用的DSLR的同时，也要考虑到那些足以造成经济负担的装备。现在入门级DSLR的价格已经降了许多，DSLR机身加上基本镜头、消耗品等的价格应该在130万韩元左右，费用负担应该不再是问题。

### • 专业摄影的选择

DSLR的发展也带动了电子商务的发展。最近电子商务的规模以几何数增长，说DSLR是其发展核心也并不为过。商业摄影以室内摄影为主，必须要有专业摄影照明辅助拍摄。因此至少要求使用高级数码相机，DSLR和专业摄影照明同步使用也能收到非常不错的效果。

为了进行商业摄影，购买DSLR时最先考虑的当然是价格和性能的比较。商务摄影已经超出了生活中的趣味摄影的范围，在对比投资的情况下应该产生一定的经济效益。在商业运营中，商品照片是必须要素。拍摄这些商品照片的方法大致分为两种，一种是信赖专家，一种是自己拍摄。选择信赖专家，照片的质量当然有所保证，但也会有时间和费用上的负担。如果你销售的不是时尚产品，不会经常变更，种类也不多，则选择信赖专家是好办法。反之，如果是服装类、金银饰品、杂货、鞋和玩具等类型多样，要根据季节变化和流行趋势随时调整产品种类，还是本人进行拍摄为好，这样可以降低成本。事实上有许多卖家选择自己拍摄的商品，即使是入门级的DSLR也能够应付商业用照片的需要。但是，并不是说随便使用一台DSLR就能够拍出完美的效果。一定要配合专业摄影照明，并熟悉产品宣传的特殊拍摄方法。去学习拍卖中商品照片专业课程，也会对电子商贸有所帮助。

### • 代表性的入门级DSLR

对于刚刚接触DSLR的人而言，除了费用负担不能过大，还需要一定的时间熟悉相关的使用方法，因此入门级DSLR最合适。入门级DSLR，5000元左右即可以买下机身、内存、普通摄影包等。如果购买三脚架和外用闪光灯等其他附属装备，虽然费用会高一些，但只要有目的的选择购买也是可以的。至于要购买何种品牌，就要充分考虑到自己的认知度、产品功能、以及未来镜头的互换性等问题之后再作决定。

| 品牌 | 佳能 | | 尼康 | | 宾得 | 奥林巴斯 |
|---|---|---|---|---|---|---|
| 机型名 | 300D | 350D | D50 | D70s | *istDs2 | E-500 |
| 照片 | | | | | | |

## 中高级型DSLR

充分了解DSLR，或者对摄影了解到了一定程度之后，可以升级到具有更多功能的中高级型DSLR。具有入门级机型中不具备的一些功能，像素和整体机身功能都有提高。

| 品牌 | 佳能 | | 尼康 | 富士 |
|---|---|---|---|---|
| 机型名 | 20D | 5D | D5200 | S3Pro |
| 照片 | | | | |

## 高级型DSLR

这种DSLR适用于以摄影为职业或者参加专业活动的用户使用。价格昂贵，不适于一般用户购买。虽然笨重而昂贵，但其结实的内构性和出色的性能非常合适专业摄影人群使用。

| 品牌 | 佳能 | | 尼康 | | 柯达 |
|---|---|---|---|---|---|
| 机型名 | 1Ds | 1Ds Mark II | D2X | D2Hs | DCS Pro SLR/n |
| 照片 |  | | | | |

# 03 DSLR购买的预算策略

**决定是否要购买某种装备的决定性问题在于费用。明确目的和用途，再决定与之相应的价格是装备选购的核心。合理把握自己的经济能力，详细分析市场价格才能够做出最佳的选择。**

## 购买预算

作购买预算要确认几个方面的问题。在购买时镜头的选择对整体预算会有很大的影响，因此在购买DSLR时，把机身购买预算和镜头购买预算分开会比较合理。相比机身，从镜头角度出发的考虑会有更多。因此把机身和镜头合在一起进行预算相对不那么合理。

### 1. 机身购买预算

一般而言，入门级DSLR都是以套机的方式销售，中高级以上的DSLR只卖机身。6000元以内足够购买到入门级DSLR机身，1万元左右可以买到中高型DSLR机身，想购买高级型DSLR预算应该在4万元以上。此外，还要考虑到是购买水货还是正品。水货会便宜5%到10%左右，A/S费用会高一些。

购买中高型产品时价格在市场价格的70%~90%为妥。要考虑到电子产品更新换代很快以及其降价贬值的情况，以当时销售价的75%、次年后降为50%左右的适度来考虑为宜。在二手货市场上销售自己使用过的DSLR也要考虑到这些相关因素。很多人在销售自己使用过的DSLR时只考虑自己的购买价而不考虑其时的销售价。前面也提到过，一种电子产品在新一代产品面世后和这类产品停止生产前，价格会不断地下降，因而二手货价格如果以本人购买价格为基准的话，反倒让人觉得保留这个DSLR没什么价值。

佳能300D的价格走势

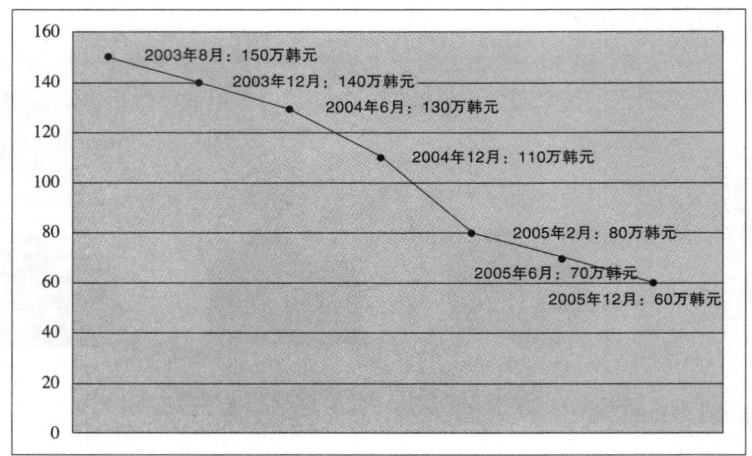


**2. 镜头购买预算**

在购买入门级DSLR时一般都购买配套的基本镜头。这之后当积累了一定的DSLR知识再购入新的镜头。进行镜头购买预算虽然会有一定的难度，但也要首先确认自己对预购买镜头的熟悉时间。因为只有熟悉这个镜头，才能确保在二手市场上的销售的几率，这样就可以再进行购买其他种类的镜头。当然价格会根据使用时间和镜头状态的不同而有所差异，但一旦停止生产了，和价格跌落的DSLR机身不同，镜头的价格变化幅度不会太大。

**3. 其他装备购买预算**

除此之外，还要考虑三脚架、滤镜、遮光罩等摄影时的其他必要的附件的预算。特别是在选购摄影包时要考虑到追加镜头的空间，选择大一些的比较好。反之，一次买进的三脚架至少应该能用到10年，所以要选购和自己的机型相配的结实的三脚架。DSLR无需使用胶卷，相关物品一次性购买后一般可以常久使用。

tip

**未来预算**

DSLR的特点是要不停的购买镜头或者交换镜头，所以应对将来要购买的镜头和消耗品的费用作一番预算。在经济情况不允许的条件下进行费用预测会比较难，假定以后要交换当前使用的镜头则未来预算的计划就比较容易。DSLR的开销中，占据最大支出的就是镜头。许多高级镜头甚至比机身还要贵。当然能够收藏各种镜头拍摄出多种多样的照片是最好的，但同时也要考虑到镜头的购买费用。一边学习摄影，一边随时关注预买镜头和现有镜头的差价也是一个不错的办法。

## • DSLR的购买案例

不同的人有不同的购买目的。不妨看看其他人的DSLR购买案例，比较自己的情况，作为购买DSLR的参考。

### 1. 已婚且有子女的男性

现年32岁的朴基哲，结婚两年，有个粉嫩可爱的儿子。曾经每天下班就早早回家的他，有一天突然想起有位同事把自己亲手拍摄的儿子的漂亮照片摆在桌面上，第二天赶忙去问这个同事使用什么相机拍的，得知是尼康D50，在网上查找一番之后知道这个相机原来是DSLR。他又问同事，自己对DSLR一无所知，是否也能够拍出如此漂亮的照片呢，同事告诉他只要进行稍微的学习就能够开始拍摄了。于是朴先生买下了尼康D50和50mm镜头，一边请同事吃饭进行请教，抓空就在公司附近学习拍摄，一边在家中研究菜单，并搜寻各种相关资料，很快，他就能给自己的儿子拍下漂亮的照片并得到妻子的赞赏。

### 2. 经营商业摄影

李京旭现年40岁，从曾经工作了14年的贸易公司辞职出来准备经营网上商店。因为有在贸易公司的名牌供货路径，他非常自信能够经营好。首先他从教育中心得到信息后去专业摄影教育机构接受了相关教育。一开始他以为只要有好的数码相机就能够拍出好照片，后来才得知如果没有专业摄影照明器材是很难进行商业摄影照片的拍摄，并得知大部分的DSLR机型都能和闪光灯照明进行很好的同步使用。创业指导老师告诉他，最适合衣物类摄影的DSLR是佳能的DSLR，为了最大限度压缩创业费用，应该一开始就购入DSLR，并且推荐佳能350D。

### 3. 网民金民硕的购买情况

平时梦想做记者的金民硕现在是新闻网络的市民记者，虽然文笔出色，但是他更想成为一名能够捕捉充满现场生动感的、更具魅力的图片的摄影记者。他决定向摄影记者学习照相技术，在咨询购买何种机型时，别人推荐他购买大部分记者都使用的尼康D2Hs。D2Hs机身结实，具有每秒连拍8张的出色连拍功能，此外还具有无线图像传送功能，可以在现场通过GPS把拍摄的照片直接发回报社。如此看来，尼康D2Hs当然是金民硕的首选机型了。

### 4. 设计专业的大学生

现年29岁的金惠莉，在一家著名的图片社打工，作为网页设计师，她为得到好的图片，决定学习摄影。由于曾经参加过校摄影兴趣小组，具备一定的照相机基础知识，她准备选择比入门级DSLR高级一些的机型，而且是能够出色表现设计用图片色彩的机型。经过一番比较，她最终选购最适合本人用途的DSLR——富士胶片的S3Pro，因为这款机型可以使用尼康的所有镜头，所以选择镜头的宽容度大一些。

## 04 其他注意事项

**除了上述的注意事项，还有些其他的问题也是必须要确认的。就是考虑到售后服务，必须购买正品，以及购买前要注意已购买DSLR者的使用经验等事项。**

### ● 理解正品和水货

所谓正品，是指由正规的进口公司进口销售的、已经通过所有入关手续的产品。与正品相反的产品称之为水货。正品和水货的最大区别在于，有无售后服务。正品可在相关售后服务中心获得大约1年的免费维修。反之，水货产品大部分都没有免费维修，如果拿到售后服务中心维修，则维修费用比正品要贵许多。水货产品的销售商往往会说服务期间会有免费的售后服务，但当出现问题后还得把相机亲自或者快递到DSLR购买处。另外，也有的会以国内无法修理为名，声称如果要进行售后服务必须送回到产品的生产国（大部分是日本）去，这样一来，售后服务的时间就更长了。

因此一定要购买正品。在商场直接购买时一定要确认产品包装盒上是否有正品标识，确认正品标识后，再确认包装盒上的记载的产品序列号是否和产品中的标号一致。

通过网站进行购买时，一般销售者都会注明是否是正品。如果不能确认自己的产品是否正品，可以打电话到销售公司的客服中心确认该产品。购入正品后，一定要到销售公司的官方网站上进行产品登记。一旦器材丢失而拾到者送到售后服务中心后，通过确认机号，找到丢失的物品。

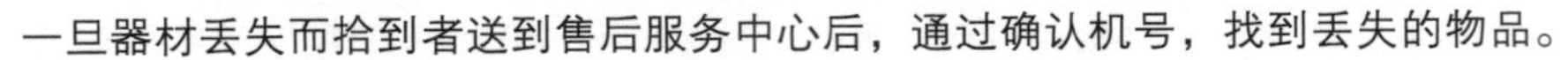

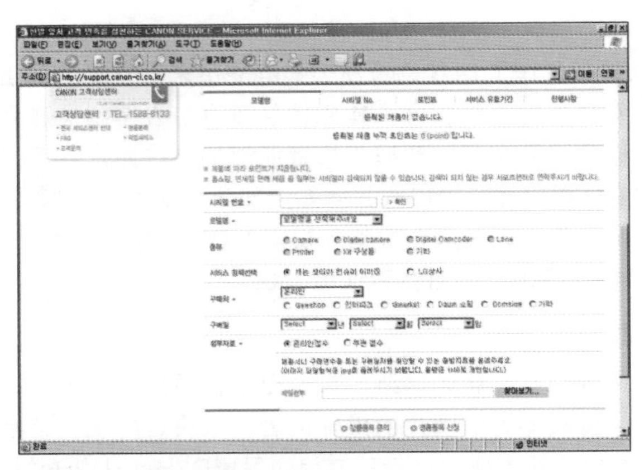

韩国佳能正品登记网站

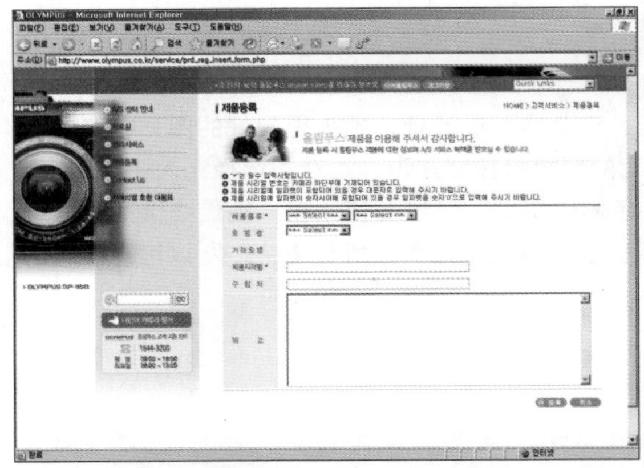

韩国奥林巴斯正品登记网站

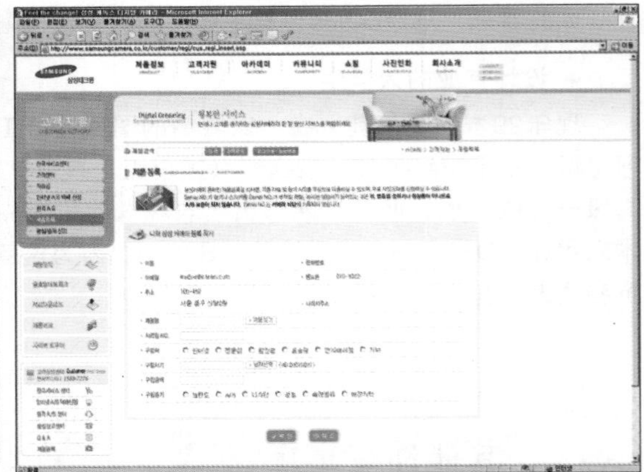

韩国三星正品登记网站

## • 认真阅读使用后记

发达的网络，任何人都可以免费获得信息。谁能够更好的找到更多的公开信息，这也是一种能力。在无数的专业网站和DSLR相关的爱好者协会网站上，有着许多整理得非常棒的购买指南和使用经验。到哪里可以拿到更便宜的价格，到哪里可以买到更值得信赖的产品，互联网上每天都有许多的具体有效信息。如果不想买完以后再后悔，建议至少要花费一个月时间来观察想要购买的产品的相关评价和价格。

Omi(www.omi.co.kr)

danawa(www.danawa.com)

## ● 二手货最好面对面进行直接交易

购买DSLR的其中一个好方法就是购买二手货。很多人在说到购买二手货时会很犹豫，这是因为无法准确判断该物品是否有毛病。事实上除了信任销售者之外没有其他更好的办法，但是可以加入爱好者协会网站后经过观察选择可信赖的会员进行交易。

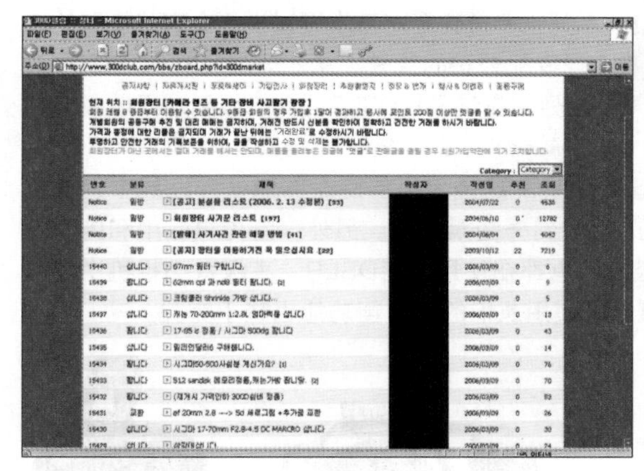

300Dclub跳蚤市场

SIrclub跳蚤市场

一方面DSLR是高价值物品，性能又多样，在进行二手交易时最好还是直接见面进行购买。如果还不了解DSLR，可以邀请了解DSLR的朋友一同前往。付款之前，一定要试一试每个按钮，要把镜头筒拿到明亮的地方确认内部是否有灰尘，对于变焦镜头，还要确认一下变焦功能是否可用。

如果不满意直接交易的方式，可以到拍卖场等竞价网站进行交易。身处异地或者没有时间的话也可以快递来进行交易。但是快递交易中遇到骗子的几率也很高。实际上像DSLR这种高价物品的诈骗事件在网上时有发生。货到了款没到，款付了货不到，这都是常有的事。大家能够相互信任进行买卖交易当然最好，但是发生的种种诈骗事件不得不让人觉得心凉。为了防止这些情况的发生，双方进行拍卖交易是最好的方式。买方和卖方有了意向之后需在拍卖场上进行登记后才能进行交易。虽然要交登记手续费，但这是防止上当的不错的一个对策。

韩国国内最大的拍卖网站

# 选择一个阵营！DSLR品牌介绍 03

了解完DSLR的基础知识后，剩下的事情就是挑哪个品牌的产品了。和人各有各的特性一样，各个品牌的DSLR也都有自己独特的特性。想好自己以后要拍什么样的照片，对照各个品牌的特点，再进行慎重选择吧。

## 01 鲜艳欲滴——佳能

**首先来看看色彩还原非常出色的、拥有各种产品线的佳能DSLR吧。**

佳能DSLR拥有最多的产品群。不仅是机身，镜头系列也非常齐全，基本可以说不会有找不到的镜头。因此它的用户也最为广泛，而佳能也一直保持着自己专业公司的荣誉。从入门级的300D和350D，到中级的10D、20D、30D和5D，再到高级的1D和1Ds系列，应该说从DSLR的入门级到顶级装备全都完备。尼康只有一款机型的全画幅，佳能却有1Ds、1Ds Mark II、IDs Mark III、5D等4个机型。

佳能的特点是色彩表现卓越，这是使用者的普遍共识。这是因为佳能在图像处理过程中，能把DSLR拍摄的照片表现得和原景一样，同时还能让人感觉到一些柔和感。另外，室内摄影中和闪光灯照明的调和也是非常出色，最近许多的网上商店经营者也都在使用佳能DSLR。高级数码相机中的准确还原色度的自定义白平衡功能极其出色，影棚摄影时使用灰卡的白平衡功能也趋于完美。

### ● 佳能的入门级DSLR

下面来看看广受大众喜爱的佳能入门级DSLR。

| 分类 | 300D | 350D |
|---|---|---|
| 像素 | 650万 | 820万 |
| 生产日期 | 2003/08 | 2005/02 |

佳能300D

佳能350D

佳能的入门级DSLR——300D，在引发爆炸性人气，把许多人从此引导进了DSLR的大门后即断产了。低廉的价格，出色的照片效果，延续300D这一名声的是在其后推出的350D，这个机型也具有极高的人气。350D把重心更倾向于普及性，比300D小而轻，高像素质量。为了消除噪点的不安因素，在350D和20D中都安装了低通滤镜和噪点消除回路。配备了DIGICII图像处理技术使画质出色。但遗憾的是，在300D中不支持的点测光，在350D中仍然不支持。

佳能300D拍摄（出处：300Dclub）

佳能300D拍摄（出处：300Dclub）

佳能350D拍摄（出处：300Dclub）

佳能350D拍摄（出处：300Dclub）

## • 佳能的中级DSLR

观察佳能的准专业级DSLR，在2000年首次推出DSLR的D30后，即以高级型1D和入门级D60对市场展开攻略战。但是在感受到用户对于入门级的功能缺憾和高级型的经济负担后，佳能又推出了具有高级性能、价格偏低的产品，这就是10D。在此要提一句的是，几个月之后D60即升级为300D面世。10D的像素是650万，机身为黑色，相比入门级要更为专业，10D在2004年升级为20D，而2005年秋天1：1全画幅机身的5D也被推出市场。20D大幅度减少了噪声，连拍速度和对焦速度也得到改善。但仍然不支持点测光，操作中会出现类似“停留的电冰箱”现象等问题也逐渐暴露出来。可惜，无论如何升级产品也无法突破非全幅相机的局限，对于DSLR用户而言这是最根本的遗憾。佳能中虽然也有1：1全画幅机身的1Ds Mark II，但价格奇高无比，所以众多用户只能望机兴叹。佳能在2005年9月推出1：1全画幅机身的5D，可以看作是对此遗憾的回应。5D推出后，许多用户都称之为入门级全画幅相机，外形虽然和20D相似，仔细观察其功能，可以发现许多的不同点。不能使用数码专用镜头EF-S，ISO3200的低噪声，取消了内置闪光灯，另外，终于增加了许多用户一直盼望的点测光功能。得到最佳改善的当然是1：1全画幅机身，再也没有必要换算焦距，可以根据镜头直接计算视角。随着影像传感器的增大、噪点显著的减少，影像效果得到明显提高。

| 分类 | 10D | 20D | 30D | 5D |
|---|---|---|---|---|
| 像素 | 650万 | 850万 | 850万 | 1280万 |
| 生产日期 | 2003/04 | 2004/08 | 2006/02 | 2005/09 |

佳能10D　佳能20D

佳能30D　佳能5D

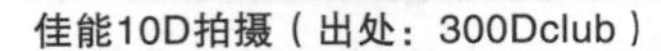
佳能10D拍摄（出处：300Dclub）

佳能20D拍摄（出处：300Dclub）

佳能30D拍摄（出处：300Dclub）

佳能5D拍摄（出处：300Dclub）

## 佳能高级DSLR

看看佳能的高级型DSLR——1D系列。

| 分类 | 1D | 1D Mark II | 1D Mark III |
|---|---|---|---|
| 像素 | 406万 | 850万 | 820万 |
| 生产日期 | 2002/05 | 2004/04 | 2005/09 |

佳能1D

佳能1D Mark II

佳能1D mark II

佳能继D30的成功之后，把在胶卷相机中曾经非常有名的高级型EOS-1V转换成数码相机，2002年秋天，以专业级用户为目的群的1D面世。机身为纵向把持，整体为立体型，看起来有相当的分量感和手感。两年后，佳能延续1D系统，推出了850万像素的1D Mark II,但与其说是系统延续，不如说是继承发展。它配备了佳能自以为豪的DIGIC II图像处理技术，CMOS大小为28.7mm×19.1mm，拥有1.3机射。每秒8.5张连拍，最多40张连拍，充分显示出其卓越的连拍能力，让记者们的现场拍摄变得从容不迫，而机身由镁合金打造。2005年9月，和5D同时推出的还有1D Mark II，它具有更宽的LCD，可适用新的图像格式，图像的质量也大大的提高了。这其中有趣的是，1D Mark II和1D Mark II都被设计为既可使用CF储存卡，又可使用SD储存卡，这种设计进一步提高了可互换性。

佳能1D拍摄（出处：300Dclub）

佳能1D Mark II拍摄（出处：300Dclub）

佳能1D Mark II拍摄（出处：300Dclub）

## • 佳能最高级DSLR

了解佳能的最高级型1Ds和1Ds Mark II。

| 分类 | 1Ds | 1Ds Mark II |
| --- | --- | --- |
| 像素 | 1110万 | 1720万 |
| 生产日期 | 2003/01 | 2004/11 |

佳能1Ds

佳能1Ds MarkII

佳能DSLR中最高级的机型为1Ds系列，既然是最高级的机型，当然也是所有使用者希望能够拥有的梦想。2004年11月推出的1Ds Mark II，CMOS的大小和35mm相机的胶片尺寸一样大，此前的所谓1：1全画幅相机的1Ds大小为35.8mm×23.8mm，5D的大小为35.8mm×23.9mm，都以小小的距离而引以为憾。一般人认为1mm的差距并没有什么了不起，但是在广角中1mm却能让视角改变，因此这是重要的部分。在图像处理技术上，同样配备了DIGIC II，连拍速度不如1Ds，每秒4张，最多连拍32张。

佳能1Ds拍摄（出处：300Dclub）

佳能1Ds拍摄（出处：300Dclub）

佳能1Ds Mark II拍摄（出处：300Dclub）

佳能1Ds Mark II拍摄（出处：300Dclub）

Special Page

# 佳能数码单反相机各部件名称

❶ 快门
❷ 主转盘
❸ 测光模式选择/闪光曝光补偿按钮
❹ 驱动模式选择/ISO按钮
❺ AF模式选择/白平衡选择按钮
❻ LCD 显示屏照明按钮
❼ 镜头
❽ 镜头释放按钮
❾ 景深预览按钮
❿ 手柄
⓫ 模式转盘
⓬ 背带环
⓭ 接口罩盖
⓮ 闪光灯插槽式接口
⓯ 多功能控制按钮
⓰ AF锁/FE锁/缩小按钮
⓱ 自动对焦点选择/放大按钮
⓲ 设置按钮
⓳ 主拨盘
⓴ 电源开关
㉑ LCD 显示屏
㉒ 删除按钮
㉓ 恢复按钮
㉔ 跳转按钮
㉕ 信息按钮
㉖ 菜单按钮
㉗ 打印/共享按钮
㉘ 眼罩
㉙ 取景器
㉚ CF 卡插槽盖

## 02 男性象征——尼康

与佳能并肩成为DSLR市场的领导者的尼康也同样拥有众多的用户。众所周知，尼康反差强，能够有力表现写实而鲜明的图像。使用CCD，最近推出1：1全画幅机身,大部分产品为1.5机身。ISO数值从200开始。通常认为尼康镜头的近摄能力强，尼康镜头NIKKOR也拥有大量的镜头群，选择范围很广。

### 尼康的入门级DSLR

尼康的入门级DSLR为D50和D70

| 分类 | D50 | D70 | D70s |
|---|---|---|---|
| 像素 | 610万 | 624万 | 610万 |
| 生产日期 | 2006/06 | 2004/06 | 2005/04 |

尼康D50

尼康D70s

2003年8月推出的佳能300D揭开了入门级DSLR的序幕。继之，尼康在2004年6月推出了D70。整体性能相比佳能300D要更强，近摄和色彩表现方面向来都是尼康的强项。D70很快成为人气极高的产品，而为了与佳能350D竞争，又推出了升级后的D70s。另一方面，为了进一步巩固其DSLR市场份额，又野心勃勃的推出了D50。虽然D50在功能上不如D70，但是携带方便，价格低，更重要的是画质性能不亚于任何一款机型。为了吸引女性使用者和袖珍数码相机用户，同时推出了黑色和银色两款颜色的机身，存储介质不是CF，而是更小的SD。界面则继承了D70的大部分内容。

### 尼康的中级型DSLR

尼康的准专家级DSLR为D100和D200。

| 分类 | D100 | D200 |
|---|---|---|
| 像素 | 631万 | 1092万 |
| 生产日期 | 2002/06 | 2005/12 |

尼康D100

尼康D200

尼康D100是在2002年DSLR开始火热的时候尼康推出的中高级型DSLR。佳能方面当时推出了入门级D60，获得不错的战绩，尼康则放弃入门级而推出了中高级型。继承了胶片相机F100的大部分造型和功能，以快速对焦而扬名。在佳能连续推出10D、20D、30D、5D期间，尼康却保持安静没有动作，在经过长时间的沉默后终于在2005年12月推出了D100的升级版本D200。扩大了LCD 显示屏，可以轻松确认曝光及白平衡的准确值。

尼康D100拍摄（出处：300Dclub）

尼康D200拍摄（出处：300Dclub）

## • 尼康的顶级DSLR

尼康的顶级DSLR是H系列和X系列。

1. 连拍最高！H系列！

| 分类 | D1H | D2H | D2Hs |
|---|---|---|---|
| 像素 | 266万 | 426万 | 426万 |
| 生产日期 | 2001/10 | 2003/12 | 2005/03 |

尼康D1H

尼康D2H

尼康D2Hs

尼康在2001年推出专业用DSLR，在D1的基础上进行扩大、发展，推出了两种不同概念的DSLR产品。一种是适用于影棚等拍摄固定被摄体时使用的D1X，一种是适用于拍摄运动被摄体的、提升了连拍速度的D1H。这两种DSLR的外形和操作方法很相似。但是，二者的根本性区别在于连拍速度。D1H的连拍能力是每秒5张，最多连拍40张，D1X的连拍能力是每秒3张，最多连拍9张。2003年，DSLR市场增长后，一些其他的公司开始推出不少新产品，尼康也在12月时推出了D2H。D2H的别称为新闻机，设计轻巧而简单，却同时兼顾了耐用性和稳定性。D2H的魅力在于它的连拍能力。每秒8张JPg的连拍，最多可连拍40张。观看连拍的照片会产生像在看电影的错觉。虽然有这个卓越的优点，但当处于高ISO数值时会产生许多的噪点，看来还是无法达到100%的满足。这个问题在经过1年的努力后终于在D2H的升级产品D2Hs中得到解决。D2Hsz追加了可以跟随移动被摄体的动态追踪支持功能、GPS功能等许多的新功能，得到一致好评。

尼康D2H拍摄（出处：300Dclub）

尼康D2H拍摄（出处：300Dclub）

2. 尼康顶级的X系列

| 分类 | D1X | D2X |
| --- | --- | --- |
| 像素 | 532万 | 1280万 |
| 生产日期 | 2001/08 | 2005/02 |

尼康D1X

尼康D2X

接过D1的接力棒的同时，尼康还推出了D1X，其图像处理能力卓越，不亚于胶片相机。凭着对曝光的准确测光和曝光补偿功能获得了众多用户的信赖。但是，电池性能却比其他DSLR要差许多，使用者对于这点诸多不满。在D2H完善了D1H的致命弱点的同时，D2X却因为配载了索尼的CMOS而招来众多非议。1280万像素的超强画质，增大了原有的色彩选择幅度。不知道是不是想要摆脱D1X被称为“静物”机的称号，在摄影中增加了每秒连拍8张的高速连拍功能。此外还配备了3种传感器，以其高像素和准确的色彩表现获得最佳画质表现的荣誉。

尼康D2X拍摄（出处：300Dclub）

尼康D2X拍摄（出处：300Dclub）

# 尼康数码单反相机各部件名称

下面我们通过D200来简单熟悉一下尼康DSLR的各部件名称。

1. 电源开关
2. 快门
3. 曝光补偿按钮
4. 曝光模式按钮
5. AF自动对焦辅助照明器
6. 模式拨盘/画质/白平衡/ISO
7. 镜头装卸按钮
8. Func按钮
9. 手柄
10. 景深预览按钮
11. 副指令拨盘
12. 背带扣
13. 接口罩盖
14. AF/MF对焦模式选择器
15. 闪光灯插槽式接口
16. 屈光度调节控制器
17. 测光选择器
18. AE/AF-L 锁定按钮
19. AF 自动对焦开启按钮
20. 主指令拨盘
21. 多重选择器
22. 存储卡槽盖插栓
23. AF 自动对焦区域模式选择器
24. 对焦选择器锁定
25. LCD显示屏
26. 回车按钮
27. 保护按钮
28. 缩略图按钮
29. 菜单按钮
30. 播放按钮
31. 包围按钮
32. 删除按钮
33. 取景器
34. 取景器目镜罩
35. 存储卡盖

## 03 了解其他品牌

虽然DSLR的用户群主要以佳能和尼康为主，但也不少人对另外一些公司独具魅力的产品情有独钟。许多在胶片时代具有独特个性的相机在转换为DSLR后依然光彩夺人。下面来看看其他各种DSLR的特点，看看有没有适合你口味的DSLR。

### • 色彩表现谁敢跟我比高低？富士

富士相机基本上继承了尼康的机身。因而可以互换尼康的镜头，色彩表现也极其优秀。初学者使用方便，多用于影棚拍摄。在2000年推出S1Pro后过了4年推出配备自己研发的超级CCD 蜂窝III的S2Pro机型，富士数码相机的特点是优秀的色彩表现，以及高画质图像。增加了S1Pro中不支持的RAW文件格式，即使用于印刷方面其画质也毫不逊色。相比入门级DSLR，富士把重点放在了高级型DSLR市场，S3Pro中配备了蜂窝 SRII，它采用把对应了感应度和色彩的固定像素进行分离的记录方式，并减少了噪点现象，使质感表现更为出色。可惜的是，2006年初富士公司宣布放弃数码相机领域，看来短期内富士公司出产的DSLR是不会有后续了。

| 分类 | S1Pro | S2Pro | S3Pro |
|---|---|---|---|
| 像素 | 340万 | 617万 | 1290万 |
| 生产日期 | 2000/12 | 2004/04 | 2004/12 |

富士S2Pro

富士S3Pro

富士S3Pro拍摄（出处:300Dclub）

### • 奥林巴斯

奥林巴斯自命为DSLR的革命家。

| 分类 | E-10 | E-20 | E-1 | E-300 | E-500 | E-330 |
|---|---|---|---|---|---|---|
| 像素 | 400万 | 524万 | 550万 | 815万 | 815万 | 750万 |
| 生产日期 | 2000/12 | 2001/11 | 2003/10 | 2004/11 | 2005/11 | 2006/02 |

在推出E-10的一年后奥林巴斯推出了其升级版本E-20，同样也是镜头机身为一体的DSLR。在CCD的图像处理方式上，采取了可同时解决感光度和快门速度相关问题的处理方式。曾经只生产镜头机身一体DSLR的奥林巴斯在2003年10月推出E-1，终于也有了镜头机身分离型的DSLR。这次最大的差异就在于奥林巴斯在E-1上导入了4/3系统，色相上甚至可以支持Adobe的RGB格式，可使用幅度大大的提高了。相对于35mm相机，CCD虽然变得更小，但其色彩却绝不逊色，最卓越的还是其CCD的全视角方式。此外，还增加了广告宣传上十分有名的超声波除尘滤镜SSF(supersonicwaver Filter)，可以自动除去CCD上的灰尘。镜头方面采用了数码相机专用的ZUIKO DIGITAl镜头。遗憾的是可选用的镜头类型很少，选择余地小。因其500万像素的限制，不能使用于大幅印刷。针对上一机型的缺陷，奥林巴斯推出了仍然采用4/3系统的800万像素位的入门级DSLR，即E-300机型。CCD面积比35mm小。但画质方面不会有任何损失，奥林巴斯众机型中，E-300可以说是100%的数码相机，从其采用的4/3CCD，到连现有胶片相机中都不能看到的镜头闪光灯等，完全按照数码规格进行打造。镜头也从2004年开始扩充到广角、长焦等多种类型，大大增加了选择的余地。大部分的DSLR都采用五棱镜方式来通过镜头取景，而奥林巴斯却采用了旁轴方式，把DSLR的上部设计为平坦结构。CCD方面仍采用全画幅相机 CCD，而结构则非常的丰富。奥林巴斯的DSLR一开始就以入门级DSLR为标榜，而E-500也继续接承着之前机型的各种良好性能，使用简便，界面直观，价位低廉，再加上以4/3系统所倡导的数码专用概念，为奥林巴斯号召了大批DSLR使用者。从旁轴再度回归到五棱镜方式，可以支持更广泛的ISO，在DSLR中具有最轻的重量。此外奥林巴斯在2006年2月推出的E-330是最早的能够使用LCD进行拍摄的机型。而此后，到处都兴起了对奥林巴斯4/3系统的乐此不疲的挑战。

奥林巴斯 E-10

奥林巴斯E-20

奥林巴斯E-500

奥林巴斯 E-330

奥林巴斯E-1

奥林巴斯 E-300

作为DSLR机型最早采用液晶显示屏方式的奥林巴斯E-330

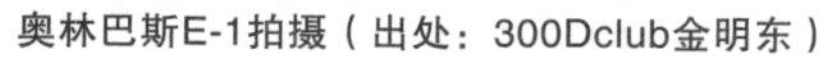

奥林巴斯E-1拍摄（出处：300Dclub金明东）

奥林巴斯E-1拍摄（出处：300Dclub金明东）

### • 宾得

宾得的特点在于卓越的色彩表现。

| 分类 | *zXD | *istDS | *istIDL | *istDS2 | *istDL2 |
|---|---|---|---|---|---|
| 像素 | 631万 | 631万 | 610万 | 610万 | 631万 |
| 生产日期 | 2004/06 | 2004/10 | 2005/07 | 2005/08 | 2006/02 |

2003年，当各厂商对入门级DSLR龙争虎斗时，Pentax也不甘落后推出了轻巧入门级DSLR——*zXD。除了sRGB以外，还能够支持Adobe RGB模式，色相的选择幅度很大。在室外可进行快速的对焦，但在室内相对来说速度要慢。尔后又推出比*zXD更为轻巧的机型*zistDS，进一步增加了携带的方便性，界面比以前要更小，和闪光灯一起使用时，会导致无法准确设置白平衡。尽管如此，仍以其出色的携带性能加上镜头的互换性以及卓越的色感表现而吸引着使用者。宾得每次有新产品面世时，都会推出更为轻巧的概念，2005年7月面世的*istDL也是比之前的产品要更为轻巧，增加了银色系列机型；存储介质仍使用SD，电源使用AA型一般干电池。此后又不断推出如增加2.5TFT LCD等各种改善功能的后续产品。2006年1月，宾得中断了之前负责向韩国进口宾得的韩国某贸易公司的合作，转而与韩国最大的三星电子达成协议，宾得的DSLR从此标上了三星商标。

宾得*zXD

宾得*istDS

宾得*istDL

宾得*istDS2

宾得*isDL2

宾得*istDS拍摄（出处：300Dclub）

宾得*istDS拍摄（出处：300Dclub）

## • 三星

三星是韩国最早推出DSLR的厂商。

| 分类 | 三星GX-1S |
|---|---|
| 像素 | 610万 |
| 生产日期 | 2006/02 |

三星GR-1S

2006年1月，宾得和三星结下DSLR发展战略联盟。之后即马上推出了GX-1S，以更轻的重量增强了携带性，虽然具有11个焦点位置，对焦速度却还是和宾得一样慢。看来可能是因为第一次推出DSLR，因此相对于专业性，重点更倾向于入门级别。虽然是DSLR，但也提供了和数码相机一样的多种拍摄模式，为入门者提供了极大的方便，支持点测光和ISO3200等众多功能。镜头方面使用斯耐得镜头。遗憾的是总体而言和目前的宾得机型没有太大的性能区别，三星在未来会如何发展DSLR，我们将拭目以待。

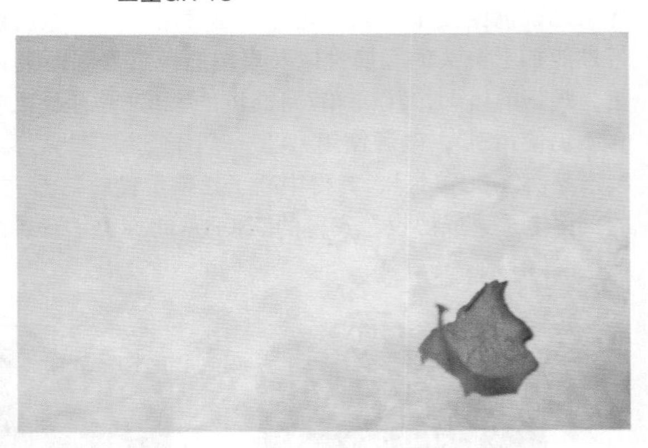

三星GX-1拍摄（出处：SLRclub）

## • 柯达

专业胶卷柯达公司的DSLR瞄准的是高级DSLR市场。

| 分类 | DSC PRO 14n | DSC Pro SLR/C | DSR PRO SLR/n |
|---|---|---|---|
| 像素 | 1389万 | 1389万 | 1389万 |
| 生产日期 | 2002/11 | 2004/04 | 2004/04 |

柯达DCS Pro 14n

柯达DCS Pro SLR/c

柯达DCS Pro SLR/n

柯达的DSLR可以说代表着DSLR的发展史，1990年柯达推出堪称世界上最早的DSLR，即130万像素的DCS100。继之，在1993年推出DCS200，1993年推出DCS420和DCS460，从2000年开始又陆续推出了DCS660和DCS760。2002年11月，DCS Pro 14N机型的上市揭开了1：1全画幅机身的序幕，其无法不引人注目的缘由就在于它配备了36mm×24mm的完美的1：1CMOS；此外又因为是尼康F80的延续，当然可以互换使用尼康镜头。但同时也因为噪点等问题而引起用户不满。2004年4月由DCS-14发展、简化的DCS Pro SLR/n和DCS Pro SLR/c上市，DCS Pro SLR/n可以装载尼康镜头，DCS Pro SLR/c则可以装载佳能镜头，两者均配备1：1CMOS，像素方面达到超强级别的1389万像素。但价格奇高，加之手动操作的不易熟悉，对于一般人来说都比较难以接近。但柯达固有的构造以及胶卷照片般的图像效果，对许多人来说还是很有魅力的。

柯达DCS Pro SLR/n拍摄（出处：300Dclub）

柯达DCS Pro SLR/n拍摄（出处：300Dclub）

## ● 适马

下面来看看专业镜头生产公司适马所出产的DSLR。

| 分类 | SD9 | SD10 |
| --- | --- | --- |
| 像素 | 354万 | 340万 |
| 生产日期 | 2003/04 | 2003/12 |

SIGMA SD9

SIGMA SD10

适马在2003年4月推出SD9，在同年12月推出SD10，之后再未推出过新产品。在适马的DSLR中，值得关注的是它只能以RAW文件格式进行拍摄。虽然只有300万像素，但因为RAW格式文件大，所以拍摄时保存的时间十分长。SD9的最大优点在于它的CCD处理方式，它摆脱了现有方式，采取了配载包比温（音译）X3 CMOS,从而在色相表现上有更大的选择幅度。因为是通过RAW格式进行拍摄，所以对于适马用户来说，专用图像编辑软件SPP是必备的。镜头方面可以使用适马镜头，同时内置了在交换镜头时CMOS使用的除尘系统。而进行了ISO幅度增大等多种功能升级的SD10，也只能够使用RAW格式进行拍摄，相对人物摄影来说，要更适于进行风景摄影。当光亮少时，噪点会增加，人物摄影时会使人物脸部变黄。而其相对复杂的操作方法要通过不断的使用才能渐渐熟悉，不免是个遗憾。适马在2006年推出非RAW文件专用亦可使用JPG格式的产品。

SIGMA SD9拍摄（出处：300Dclub）

SIGMA SD10拍摄（出处：300Dclub）

## • 柯尼卡・美能达

下面来看看机身内设置了防抖功能的柯尼卡・美能达的DSLR。

| 分类 | 5D | 7D |
| --- | --- | --- |
| 像素 | 610万 | 630万 |
| 生产日期 | 2005/07 | 2005/01 |

柯尼卡·美能达 5D　　　　柯尼卡·美能达7D

7D结实的机身极具稳定感，设计具有粗犷美。一个按钮对应的不是多个功能，而是单个功能，这样以使用者便利性为中心的设计可以称为特点之一。机身本身具有可调节多种色彩的CxPROCESSIII图像处理技术，使得图像具有整体上的强烈效果。7D的最大优点是其防抖功能AS（Antl Shake），佳能只在部分镜头上带有防抖功能（IS），且价格高昂，但7D却在DSLR机身上配载了AS功能，这是其最大差异点。但是，AF处理速度慢、测光不足、整体的偏黄效果以及白平衡功能的不完善也是其不可忽视的缺点。此外，和专业公司相比，镜头种类少也是其缺点之一。

2005年7月升级后的5D依旧配备AS功能。不知是否为了强调是入门级机型，外形上比7D要简单得多。减少了在高ISO数值下的噪点现象，细节表现丰富。镜头方面有专用的Minolta Alpha镜头系列。Alpha镜头是与区别于一般镜头的高级G镜头，G镜头从AF 13-35mm f3.5G的广角变焦镜头，至AF 600mm f4G APO的长焦单镜头，共有约13种的镜头系列组成。柯尼卡·美能达在2006年初宣布退出DSLR市场转由索尼公司接手。

柯尼卡·美能达5D拍摄（出处：300Dclub）

柯尼卡·美能达5D拍摄（出处：300Dclub）

## ● 索尼

索尼延袭柯尼卡·美能达品牌首次真正进入DSLR市场的产品是$\alpha$100。当然因为是首款上市产品因此面向的是入门级，继承了柯尼卡·美能达产品5D和7D的最大优点，即机身内置防抖功能（Super Steady Shot），此外，最值得关注的功能是DSLR可以自行分析曝光和构图分布，D-Range

Optimizer功能可以进行丰富的细节表现和曝光表现。

| 分类 | $\alpha$100 |
| --- | --- |
| 像素 | 1080万 |
| 生产日期 | 2006/07 |

索尼$\alpha$100

## • 莱卡

莱卡 Digital Module-R是莱卡推出的首款DSLR。使用柯达的CCD，像素达1000万。使用SD存储卡，图像存储格式为JPEG、TIFF、RAW。

| 分类 | Digital Module-R |
| --- | --- |
| 像素 | 1080万 |
| 生产日期 | 2006/07 |

莱卡 Digital Module-R

## • 京瓷的康太时

DSLR中少数几款使用1：1全画幅CCD的机型。N Digital机型由胶片相机改型而来，传统设计，对焦方式方面采用了5点广域对角线自动对焦系统的划时代方式，把以纵横为中心对准被摄体焦点的现有方式转换为使用纵向轴的方式。不方便的地方在于必须使用AA干电池，连拍时偶尔会发生停顿现象。镜头方面使用康太时专用蔡司镜头，不适用于需要进行快速拍摄的新闻摄影，推荐使用于室内景物摄影。

| 分类 | N DIGITAL |
| --- | --- |
| 像素 | 629万 |
| 生产日期 | 2000/06 |

CONTAX N DIGITAL

# DSLR中型机与数码后背

我们对35mm胶片照相机比较熟悉。从2000年开始，许多数码相机相继得到普及，到现在，更多人因为希望得到更高质感的图像而开始把目光投向DSLR。照相机的这种发展趋势不仅仅发生在普通大众上，也发生在专业的摄影领域中。在婚纱摄影和广告摄影等专业摄影领域，35mm胶片照相机因不能满足专业需求，所以普遍使用中型照相机。在婚礼上摄影师用来拍摄新郎、新娘所使用的照相机几乎都是中型照相机（抓拍照片用相机除外）。普通人使用的照相机虽然已普遍升级为数码机型，但专业级照相机的使用范围窄，价格昂贵，要实现数码转化绝非易事。

中型照相机 Mamiya-RZ 6 x7（110mm/2.8）

中型照相机 Rollei 6008 AF + 80mm f2.8 HFT

无论性能多好的中型照相机，都要面临目前胶卷相机所面临的众多现实困难，费用的增加，为了进行数码编辑而进行的繁复操作过程等等。再者，大部分中型照相机用于商业为目的时难以实现，快速的操作。提高操作效率是中型胶片相机的当务之急。

为了解决这些问题，诸如玛米亚和哈苏等公司也相继推出了中型数码相机，但是价格极其高昂，如此看来，对于目前的中型照相机使用者而言还是无法轻易地转入数码时代。

Mamiya中幅DSLR ZE(2200万像素/36mm x 44mmCCD)

哈苏H2D-39
（3900万像素/36.7×49.0mm）

接着，用于在现有中型照相机中取代胶卷、能够把照片转换为数码图像的装置“数码后背”面世了。

哈苏CFV

哈苏 Ixpress v96c

PHASE ONE P45

哈苏Flex Frame 3020

哈苏Flex Frame 4040

哈苏Flex Frame 4040

富士数码相机后背DBP for GX680

数码后背通过取代胶片而把照相机转换成配备CCD传感器的数码相机。因为图像的传感器比135画幅更大，因此像素也大，大部分保存为RAW文件。但是，数码后背的功能只限于把图像转换为数字信号，无法直接进行保存。因此，在使用数码后背时，要把中型照相机和PC机直接相连，为了解决这种有线连接的不便，哈苏推出了可以使用例如移动硬盘（数码伴侣）等硬盘存储装置的产品，包括最近推出的可以插入CF存储卡的产品。PHASEONE方面，则从早期机型开始就可以插入CF存储卡，使保存拍摄的图像变得更为容易。

哈苏Imagebank硬盘

配载了PHASEONE Imagebank的相机

数码后背不仅使用于中型照相机中，也可以使用于35mm胶片相机中。莱卡在2005年9月推出的Digital Module-R就是能够使用数码后背的机型。莱卡R8和莱卡R9均可配载数码后背，是世界上最早的35mm胶片相机用数码后背机型。CCD面积为26.4mm × 17.6mm，像素为1000万，具有约1.37倍的视角。

莱卡Digital Module-R

# 正确选购镜头！不同场景下的镜头运用

DSLR的最大魅力在于能够替换不同镜头进行多种多样的拍摄。为了表现被摄体的各种形态就必须拥有不同的镜头，但如果你不能创造性地用光的话、无法正确判断被摄体的特点，再好的镜头，多昂贵的镜头此时也无用武之地。投资在DSLR机身上？还是镜头上？这是DSLR使用者常常为之头痛的事情。本章我们来了解一下镜头的特性，看看什么样的镜头才是适合你的镜头。

# 了解镜头与视角 01

所谓镜头，其定义是指把像玻璃一样透明的物质的面制作成凹凸不同的形状，通过聚集或发散物体形成光学影像的物体。这种镜头其实在日常生活中正在以各种用途进行使用。最容易想到的是镜头是凸透镜和凹透镜。凸透镜聚集光，而凹透镜发散光。大家小时候应该都有过这样的经验，用凸透镜聚集光来燃烧纸条。此外，很多人戴的眼镜也是代表性的透镜，为视力不好的人所加工的眼镜是用来完善对焦不准的透镜。而照相机的镜头作用则超出了这些一般性的意义，它不仅把被摄体影像送达影像传感器处，同时还担任着曝光控制、景深变化、望远功能等摄影中的很多种的功能作用。镜头的种类多样，为了了解它们的使用方法需要具备一定的专业知识。现在开始，让我们来一步步仔细了解镜头的基本原理和各镜头的特点，看看到底要选择什么样的镜头合适。

## 01 视角与焦距

**DSLR的特点是可以替换镜头进行拍摄。了解各个镜头的不同视角和焦距，有助于在不同情况下进行选择合适的镜头。**

所谓视角，是指通过镜头可以看到的视觉范围。广视角指的是可视视域广，窄视角指的是可视视域窄。

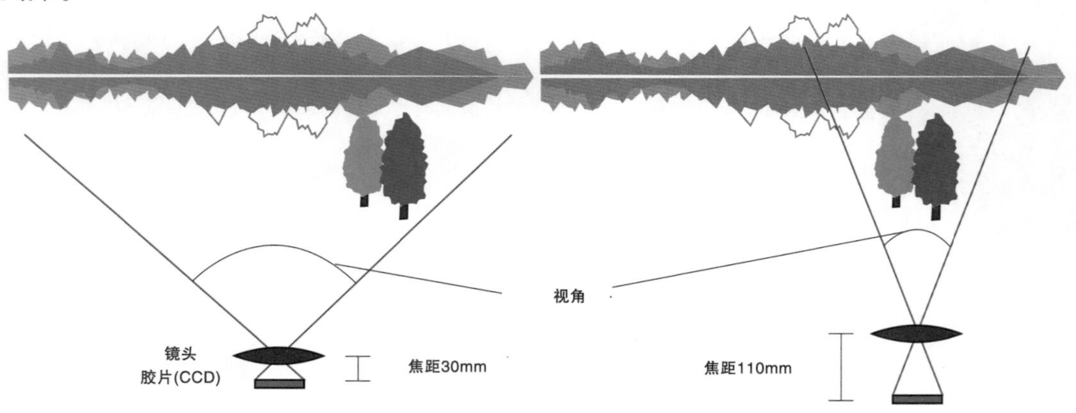


**短焦距的视角**　　**长焦距的视角**

看上图，在左边图像中镜头和CCD的距离近，而右边图像中的镜头和CCD的距离远。镜头和CCD的距离越近，则所含画面越宽；反之距离越远，则所含画面越窄。当视角如上图时，拍摄的照片分别如下。

视角广的照片

视角窄的照片

视角随着焦距的变化而变化。焦距是指前面所说的镜头的光学中心至感光片的距离。焦距越短则视角越广，焦距越长则视角越窄。

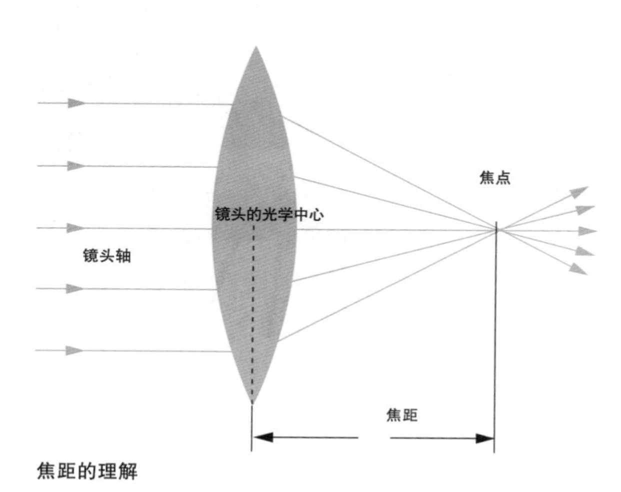


焦距的理解

## 02 不同焦距下的视角分类

**通常使用视角来为镜头进行分类。以人的一般视角为基准分为广角、标准和长焦、望远四类。镜头的用途根据视角的不同来决定其基本用途。下面了解一下视角的具体含义和决定视角的方法。**

### ● 标准视角

把人的脸固定，眼睛向左右两边进行移动，此时人眼的视角大约为160°。像大家现在正在看书的视角则大约缩至为20°。除此以外，我们在日常生活中的自然视角大约为50°。当DSLR的焦距和影像传感器对角线距离几乎相等时，DSLR和人的视野及其视角才相似。具有约50°的视角、影像传感器对角线距离和焦距相似的视角，称之为标准视角。

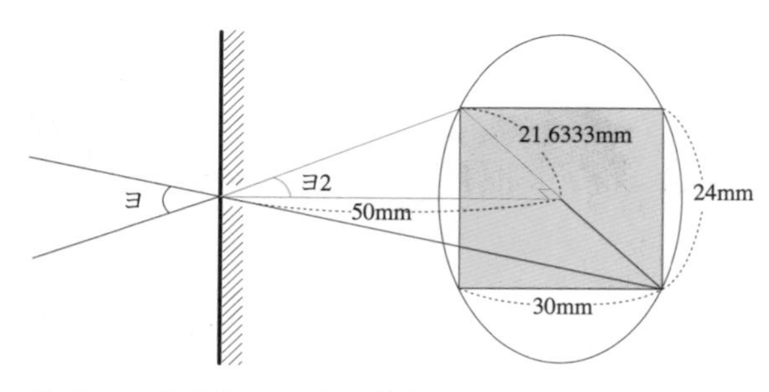


使用35mm胶片的50mm焦距针孔照相机

要具有标准视角，35mm胶卷相机的焦距需为50mm左右；中型照相机的胶片大小为56mm×42mm，焦距需为75mm；350D的DSLR的CMOS大小为22.2mm×14.8mm，焦距需为28.6mm左右。如上所述，标准视角会根据感光片的大小不同而不同。如果进行准确的计算，在35mm胶片的情况下，对角线长度的准确数值应为46.4mm，但标准视角并不是指要准确无误地对上数值，而是镜头指焦距在40mm~58mm情况下的视角。

标准视角下拍摄的图像

标准视角下拍摄的图像

## • 广角

所谓广角，是指比标准视角的焦距短，比标准视角能够看到更广的画面的视角。使用广角镜头进行拍摄，照片的边缘部分会产生弯曲现象。最高的广角镜头是鱼眼镜头，使用它在35mm胶片中拍摄所得到的照片，边缘部分会弯曲成圆的形状。此外使用广角可以得到比标准视角更为广阔的画面，给人豁然明朗之感。广角对于透视感十分敏感，被摄体稍稍靠前即会拍摄得显大，而稍稍靠后就会拍摄得显小。

以广角拍摄时会发生边缘部分弯曲的现象（出处：300Dclub）

（出处：300Dclub）

如果在DSLR中使用广角镜头，则上面所说的缺点会更加的严重。因为胶片和CCD所接受的画面影像自身是平面结构。反之，对于人眼而言，焦距为17mm，以此进行镜头分类的话，应该属于超广角镜头，人眼完全感觉不到事物弯曲变形。这是因为，人眼视网膜是半球面结构。

对于DSLR而言，当影像传感器在平面上的视角变广时，边缘部分会弯曲变形。而对于人眼而言，通过曲面视网膜所看到的边缘部分依然是直线而不会弯曲变形。

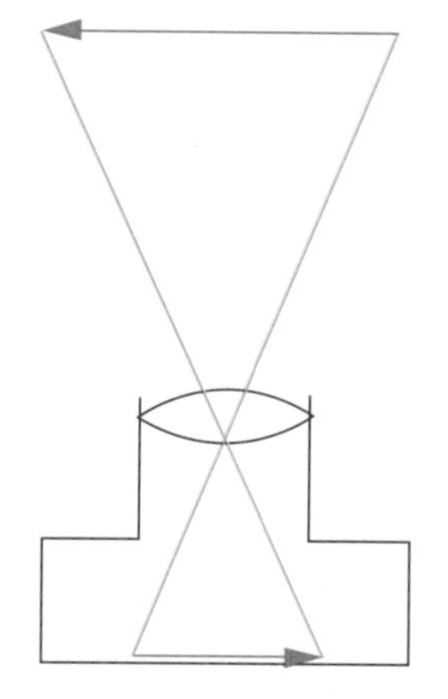

照相机：因为光学方面的问题，由复杂镜头组合成，视角有限制。广角镜头会产生影像弯曲强调远近感

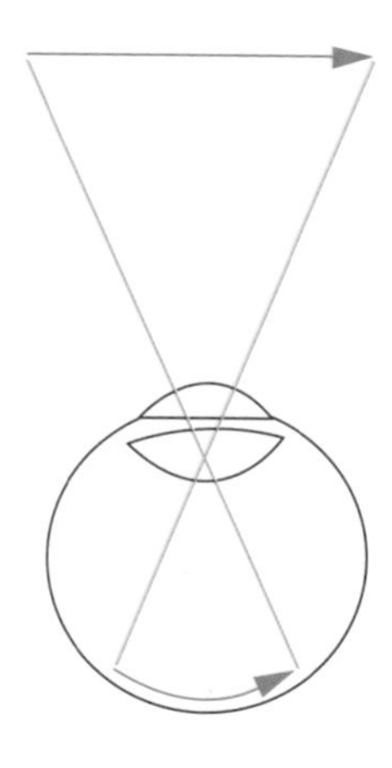

眼睛：透镜简单，弯曲程度小。视网膜为半球面状，焦距固定，视野宽广

## ● 镜头

只要使用过一次望远镜的人就能够很好地理解望远概念。所谓望远镜头，是指比标准视角的焦距长，可以进行远距离拍摄。以普通35mm胶片相机为基准，焦距超过150mm的分类为望远镜头。画面越大则视角越小、景深越小。相比透视感的表现，要更侧重于表现被摄体的鲜明感和背景的虚化效果——又称之为散焦效果，散焦效果表现卓越，主要使用于突出人物的摄影和突出表现静物的拍摄。

200mm望远镜头拍摄（出处：300Dclub）

望远照片（出处：300Dclub）

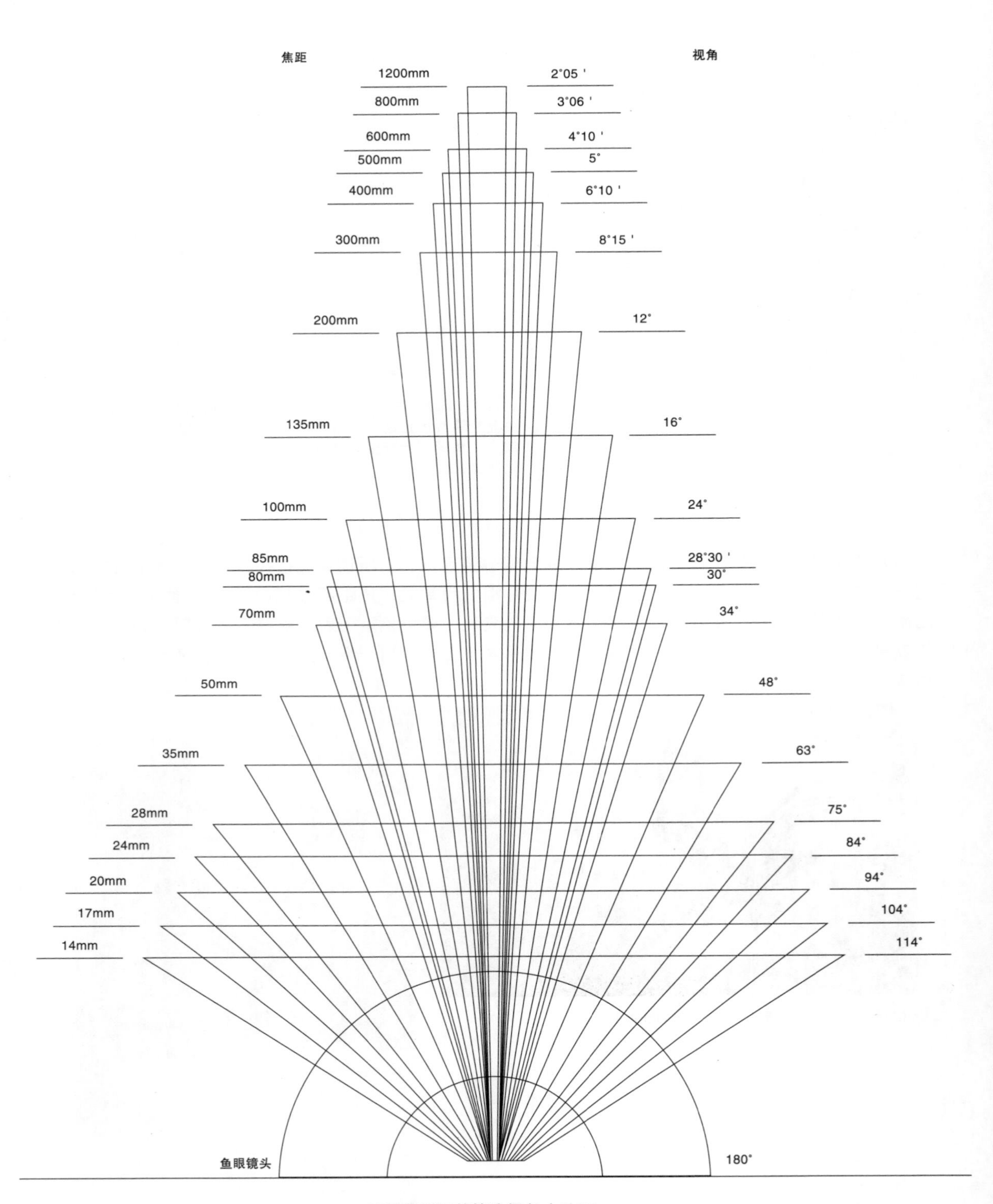


不同焦距下的镜头视角（以35mm胶片或全画幅CCD为基准）

## 03 非全画幅的视角

前面我们已经学习过在DSLR的机型中，除了少数几种之外，其他所有DSLR的CCD大小都比35mm胶片小。我们来看看CCD如果小对于实际的拍摄结果会有什么样的影响。首先比较一下35mm胶片的视角和1：1.6非全画幅的佳能300D的视角。

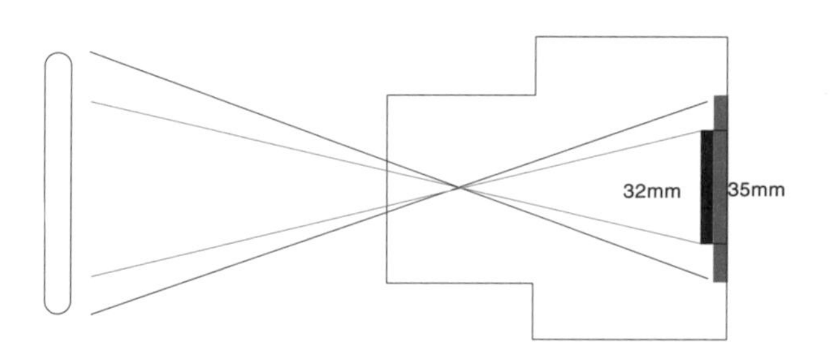


如图所示，佳能300D因为其影像传感器小，即使焦距相同，视角也还是比35mm相机要窄。右图是分别使用35mm相机和1：1.6非全画幅的300D所拍摄的结果比较。如图所示可知，1：1非全画幅可以把被摄体100%的包含进画面中，而佳能300D，因其影像传感器较小的缘故，无法将被摄体全部包含进去。影像传感器越小，则视角会越小。

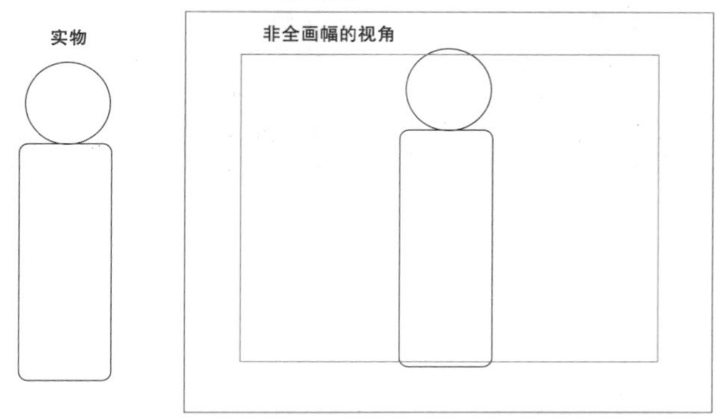


观察取景器时的比率和视角

即，35mm胶片大小的相机以1：1的比率拍摄照片时，1：1.6比率的DSLR因其CCD大小的限制，只能拍摄到1：1非全画幅照片的中央部分。这样拍摄下来的照片，如果以同等大小作比较，则1.6非全画幅的照片可以看作是把1：1非全画幅中央部分进行扩大后的照片。

1：1全画幅拍摄的照片

1.6全画幅拍摄的照片

1.6CCD的实际图像

观察以上照片，仔细比较实际以1：1全画幅拍摄的结果和以1.6非全画幅拍摄的结果。即，以非全画幅拍摄的只是35mm画面的一部分，从裁剪后的照片可以看出是放大的一部分。

## 04 数码相机专用镜头

大部分的DSLR在非全画幅相机中使用35mm胶片相机用镜头时，会发生裁剪等问题。对于此的解决方案就是数码专用镜头。数码专用镜头可以避免成像焦距误差等问题，还可以使耀斑等现象得到最大程度的控制。

奥林巴斯在推出数码专用CCD的三分之四系统的同时，还推出了数码专用镜头，解决了非全画幅数码相机使用35mm胶片相机的镜头时视角不足的问题，但这种数码专用镜头无法用于35mm胶片相机。佳能把推出的数码专用镜头命名为EF-S，分别有EF-S 10-22mm、EF-S 17-85mm、EF-S 18-55mm、EF-S 60mm等不同型号。尼康则使用DX format来制造数码专用镜头，AF-S DX ED 18-70mm、AF-S DX Zoom 18-200mm、AF-S DX ED 17-55mm、AF-S DX Zoom 55-200mm、AF-S DX Zoom ED 18-55mm、AF-S DX ED 12-24mm、AF DX ED FISHEYE 10.5mm等，从广角到望远，拥有丰富的数码专用镜头群。第三支生产军团Sigma则在机型上加上DG作为标识推出数码专用镜头。其他生产数码专用镜头的还有腾龙、善年达、宾得等。因此，对于大部分使用非全画幅的DSLR用户而言，即使不能够做出最高的选择，做最优的选择还是可以的。

**● 佳能系列**

Canon EF-S 60mm 1.8 USM微距

Canon EF-S 18-55mm f3.5-5.6II

Canon EF-S 17-85mm f4-5.6 USM IS

Canon EF-S 10-22mm f3.5-4.5 USM

**● 尼康系列**

NIKON AF-S DX 变焦 Nikkor 18-55mm f3.5-5.6G ED

NIKON AF-S DX 变焦 Nikkor 17-55mm f2.8G IF-ED

NIKON AF-S DX VR 变焦Nikkor ED 18-200mm f3.5-5.6G(IF)

NIKON AF-S DX变焦 Nikkor 18-70mm f3.5-4.5G IF-ED

**● 适马系列**

SIGMA 10-20mm f4-5.6 EX DC HSM

SIGMA 17-70mm f2.8-4.5 DC 微距

SIGMA 18-200mm f3.5-6.3 DC

SIGMA 30mm f1.4 EX DC/HSM

## ● 腾龙系列

TAMRON AF 55-200mm f4-5.6 Di II LD MACRO A15

TAMRON SP AF 28–75mm f2.8 XR Di LD Aspherical(IF) A09

TAMRON SP AF 11–18mm f4.5–5.6 Di II A13

TAMRON SP AF 90mm f2.8 Di 1:1 Macro 272E

# 05 色差与球面差现象

由于镜头是由玻璃组合而成，光线在通过玻璃产生折射现象时会发生多种现象。其中作为基本需要了解的是色差和球面差。

## ● 色差

不同颜色的光，波长也不同。因此通过镜头的光，不同波长的光的聚焦面会有些细微的差别。此外，通过镜头后的色像在到达焦平面时相互间的角度也会有些细微的交错。即，光的7种基本颜色分别到达相互不同的焦点。这就是色差现象。为了减少色差现象，需要组合不同种类的镜头，在镜头中使用特殊的光学玻璃，使得光可以聚焦在同一个平面上。

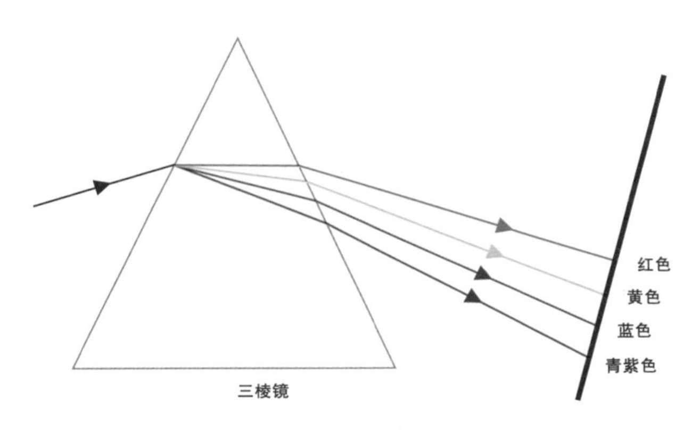


通过三棱镜确认色像差

为更进一步理解色差，我们以三棱镜举例说明。当可视光线通过三棱镜时，会分离出不同波长的光线。红色的波长最长，越向青紫色靠拢，波长越短。波长不同的光线即使通过同一个三棱镜，到达的地点也互不相同。波长最长的红色会到达比较远的地方，短波长的青紫色到达比红色近的地方。因此而产生的现象就是色差。

把两个三棱镜进行重叠，制作成镜头的形状，就可以比较容易理解色差现象。

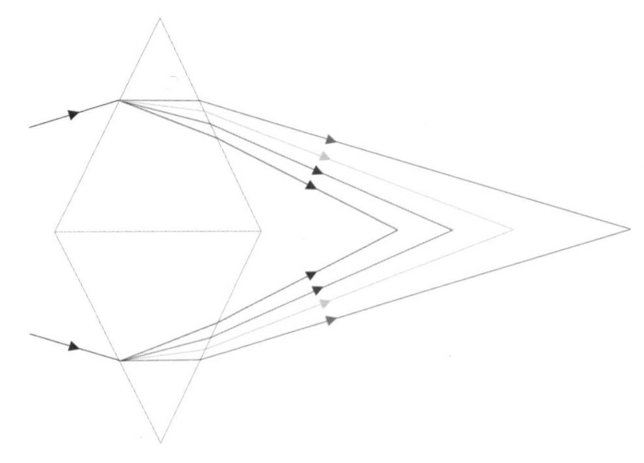

把三棱镜排列成镜头的形状，可以准确理解产生色差的原理

色差图像

## ● 球面差

视力不好的人在摘下眼镜后都会对焦不准，因此需要使用眼镜来保证对焦清晰。眼镜透镜的中间部分虽然对焦准确，但是越往边缘部分，焦点会越虚。这是因为通过圆形透镜的边缘部分的光要比通过中间部分的光所对的焦点要靠前的球面差的缘故，光源无法集中在一个地方也就无法表现出清晰的图像。因此，光圈开放得越大，接收的光量越多，而球面差就会越大。

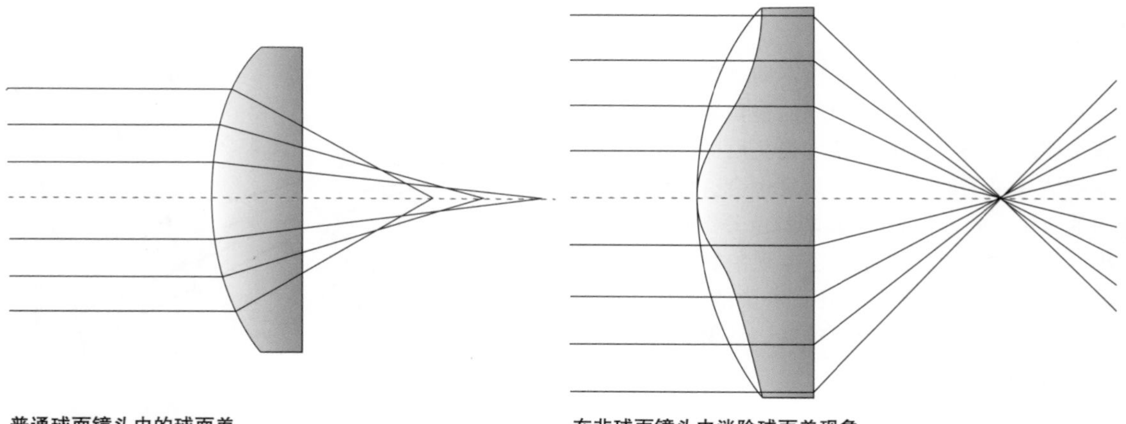

普通球面镜头中的球面差　　在非球面镜头中消除球面差现象

虽然也可以同时使用凹透镜和凸透镜来克服这个问题，但是在像差修正方面还是有所限制。克服这种球面像差的解决方案就是制造非球面镜头，相比使用透镜片组所带来的重量和体积增加的不便，使用非球面镜头不仅可以大幅度减少透镜片组，还能得到更为清晰的图像。但是缺点在于制作费用太高。

# 了解佳能、尼康、宾得、适马等镜头标识的含义

在各厂商所使用的镜头名称中，有许多难以理解的标识。但一旦有一些了解以后，你就会触类旁通，对相关镜头的功能和使用不在话下。至少对自己使用的镜头功能应该有所了解吧，下面简单介绍一下镜头名称中的标识含义。

## • 佳能镜头

* EOS：EOS是“Electirc Optical System”的缩写，指的是照相机界面以电子方式制作的照相机。另外，EOS也在希腊神话中代表着黎明的女神。例如，佳能EOS 5D。
* EF：“Electronic Focus”的缩写，使用于镜头前表示为自动对焦（AF）镜头。佳能的镜头历史发展为R 系列-〉FL 系列-〉FD 系列-〉EF 系列，EF是从1995年开始为了与EOS SLR系统相配合而推出的镜头系列。现在佳能DSLR中使用的全部都是EF镜头。例如，EF 70-200mm f2.8 L SUM。
* EF-S：表示佳能EF镜头中的数码专用镜头，虽然无法使用于1：1全画幅但可以适用于非全画幅中。S表示“Short Back Focus（短后焦点）”。例如，Canon EF-S 18-55mm f3.5-5.6。
* L：“Luxury”的缩写，表示奢侈、豪华之意。指动用各种特殊材料和技术所制造出的顶级镜头，价格十分昂贵。例如，EF70-200mm f2.8 L USM。
* USM：“Ultra Sonic Motor”的缩写，指超声波马达。超声波马达用于驱动镜头来对焦，如果使用超声波motor，能够使对焦速度和消音达到最小化。例如，EF 70-200mm f2.8 L USM。
* TS-E：“Tilt-Shift for EOS（EOS移轴镜头）”的缩写，特指具有可以修正弯曲现象的移轴功能的特殊镜头。例如，TS-E 45mm f2.8。
* IS：“图像稳定器(Image Stabilization)”的缩写，指在暗处或拍摄晃动物体时可以减少抖动的装置。例如，EF70-200mm f2.8 IS L USM。
* DO：“Diffractive Optics(衍射光学元件)”的缩写，只使用于衍射光学中。变焦镜头越到望远段，色差现象就越严重，要矫正这个问题，就必须使用大镜头。但是在运用DO技术后，也可以使用轻而小的镜头。例如，EF 70-300mm f4.5-5.6D IS USM。

## • 尼康镜头

* AI：“Aperture Index”的缩写，理解为表示光圈即可。用于自动对焦、手动调焦相机。例如，Ai AF Zoom NIkkor ED 18-35mm f3.5-4.5D(IF)。
* NIKKOR：很多人都把它和尼康（NIKON）品牌混淆，其实这是尼康公司生产的镜头品牌。例如，Ai AF-S Zoom Nikkor ED 28-70mm f2.8D（IF）。
* ED：“Extra-low Dispersion（超低色散）”的缩写，为了减少望远镜头中可能发生的色差，

采用色差极其小的特殊玻璃制作而成的镜头。例如，Ai AF Nikkor ED 180mm F2.8D（IF）。

* D：“Dimension”的缩写，尼康公司首推的可以支持3维8分割测光模式的镜头。例如，Ai AF DC Nikkor 105mm f2D。
* AF-S：“Auto Focus-Silent Motor（低噪声引擎镜头）”的缩写，指和佳能的USM一样使用低消音Motor的镜头。例如，Ai AF-S Nikkor ED 600mm f4D II（IF）。
* DC：“Defocus Control（散焦控制）”的缩写，DC镜头是指可以调整被摄体景深的特殊镜头。例如，Ai AF DC Nikkor 105mm f2D。
* G-Type：G-type具有光圈调节点，可在镜头中像手动胶片相机一样在镜头筒调节光圈。但是在G-type中没有光圈调节环，只能在机身上进行调节。例如，AF-S VR Nikkor ED 200mm f2G（IF）。
* VR：“Vibration Reduction（减振小流）”的缩写，可以理解为防止手抖动功能。与佳能的IS功能类似。例如，AF-S VR 300mm f2.8G IF ED。
* IF：“Internal Focusing（内部对焦）”的缩写，是指在对焦时不旋转镜头筒而进行对焦的方式。例如，AF-S VR 300mm f2.8G IF ED。
* DX：表示尼康的数码专用镜头。例如，10.5mm f2.8G ED AF DX Fisheye-Nikkor。
* MICRO：尼康把MACRO镜头标志为MICRO。例如，60mm f2.8G 8D AF Micro-Nikkor。

## ● 美能达镜头

* STF（Smooth Trans misson Focus）：像尼康的DC镜头一样，拍摄者可以调节被摄体的景深。例如，STF 135mm f2.8（T4.5）。
* High Speed AF：为了在拍摄时实现快速对焦功能而设计的镜头，使用于大口径望远和望远变焦镜头。例如，High Speed AF APO 600mm f4G。
* SSM（Supersonic-wave Motor）：表示超声波马达。可以理解为和佳能的USM功能类似。例如，AF APO 300mm f2.8G（D）SSM。
* G：“Gallant”的缩写，指美能达的高级镜头。例如，Minolta AF 200mm f2.8 Apo G。

## ● 宾得镜头

* SMC：“Seven Multi Coating”的缩写，指七重多层镀模技术。以色彩还原出色、炫光和光晕现象强烈而出名。例如，SMC P-DA 14mm f2.8 ED IF。
* M：“Manual”的首个字母缩写，表示手动镜头。例如，SMC M 50mm f1.4， SMC A 50mm F1.4。
* FA：宾得的新型AF镜头的名称。例如，SMC P-FA 35mm f2.0 AL。

* *：*标志是宾得的最高级别镜头的标志。内构型出色的高级机型，但是价格昂贵。例如，FA*200mm f2.9 ED（IF）。
* AL：“Aspherical Lens”的缩写，表示非球面镜头。例如，FA J75-300mm f4.5-5.8AL。
* ED：“Extra-low Dispersion（超低色散）”的缩写，性能非常出色。经常使用于为了减少色差而使用，色差非常少的特殊玻璃制作成的望远镜头中。例如，FA645 300mm f4 ED（IF）。
* IF：“Internal Focusing”的缩写，是指在对焦时，不旋转镜头筒且镜头不向前突出时，在内面进行的对焦的方式。例如，FA645 300mm f4 ED（IF）。

## • 适马镜头

* Aspherical Lens：指非球面镜头。例如，Sigma 14-mm f2.8 EX Aspherical HSM。
* APO Lens：为克服色差而使用特殊低分散玻璃制作的镜头。例如，Sigma 70-200mm f2.8 EX APO IF / APO IF HSM。
* HSM：“Hyper-Sonic Motor（超声波马达）”的缩写，与佳能的USM，尼康的AF-S功能相同。例如，Sigma 100-300mm APO f4 EX DG / HSM。
* EX：适马镜头中最高级，使用最新技术设计而成的镜头。例如，Sigma 100-300mm APO f4 EX DG / HSM。
* DG：适合于DSLR使用的镜头，指最近拍摄距离短为特点的大口径广角镜头。例如，Sigma 18-125mm f3.5-5.6DC。
* DC：适马镜头中表示数码专用镜头。例如，Sigma 18-125mm f3.5-5.6DC。
* Rear Focus（后组对焦）：特点为对焦迅速，采取使用后面的镜片组进行对焦的方式的镜头。

## • 其他镜头

腾龙（Tamron）方面，使用LD(Low Dispersion)表示低色散透镜，也使用非球面（ASPHERICAL）要素和IF技术。图丽（TOKINA）方面，使用SD（Super-low Dispersion）表示超低色散透镜，使用非球面要素。AT-X的名称表示Advanced Technology。

Section

# 掌握镜头分类，体验拍摄乐趣 02

了解了镜头的基本知识之后，下面开始看看镜头的种类吧。镜头以焦距进行划分，在焦距固定的情况下，可以分为定焦镜头和可变焦距的变焦镜头。另外，根据焦距的变化数据又可分为广角镜头、标准镜头、长焦镜头、望远镜头等类型。还有特殊目的微距镜头、柔焦镜头（又称软焦点镜头）。这种镜头的分类目的是为了根据使用用途来选择相应的镜头种类。下面来了解一下DSLR的镜头如何进行分类，各类镜头的特点。

## 01 以固定或变更焦距划分

**镜头可大致被分为两类，一种是固定焦距的定焦镜头，一种是可变焦距的变焦镜头。下面来了解各种镜头的特点及其优缺点。**

### ● 变焦镜头

所谓变焦镜头，是在焦距许可范围内可以进行多种调节的镜头。相机在固定的一处可以用不同的焦距段进行拍摄，这对于摄影者来说是十分方便的。但是，这种镜头由多个镜头组成，不但体积重而且价格不菲。此外，相比定焦镜头而言，色差现象更严重。变焦镜头根据焦距的变化又可分为广角系列、标准系列和望远系列。

对在固定位置上的被摄体采取多种视角，或当无法更靠近被摄体时，都需要使用到变焦镜头。在使用变焦镜头时，随着视角的改变，景深和弯曲的程度也会不同。例如，想要表现透视感时，需要把焦点对准广角视角；想要表现小景深时，需要把焦点对准望远视角。不要过多地依赖变焦镜头拍摄，最好是先选择拍摄角度、距离之后再确定焦距取景，把主体安排到视角中的适当位置，当然除了无法调整物理距离的情况以外，大家最好还是能够养成这样的拍摄习惯。

建议初学者应该首先使用单镜头进行拍摄。因为，如果不会根据镜头焦距来适当调整和被摄体间的距离，而只靠使用变焦镜头进行拍摄会让拍摄者变得越来越懒惰。

变焦镜头的最大焦距和最小焦距之间最好不要超过3倍。因为最大焦距和最小焦距相差越大，则色差等问题发生的机率就越大。最为合理的就是要准确设定用途选择所需要的镜头种类。如果要拍摄以人物为主但也包括风景的最普通的照片，那么使用标准变焦镜头最为合适。因为大部分标准变焦镜头都包括了广角、标准和准望远等功能，可以从多种视角表现照片。

**1. 广角变焦镜头**

具有35mm以下的变焦功能的镜头称为广角变焦镜头。根据广角的特性，适合于在拍摄风景或建筑的室内空间等视角宽广的地方进行使用。随着DSLR的日益普及，使用广角变焦镜头的必要性越来越大，而因裁剪所引起的视角问题使得广角镜头变为标准镜头一样被普遍使用。普及级的广角镜头大部分光圈的最大光圈值为f4.0左右，拍出的照片景深相对大一些，因此，多使用于风景或室内摄影中。虽然对焦速度慢，但是其大视角对于风景和人物摄影颇有用处。

| 佳能 | 尼康 | 图丽 |
| --- | --- | --- |
| EF 17-40mm f4L USM | AF-S DX 12-24mm f4G IF ED | 19-35mm f3.5-4.5(AF193) |

| 腾龙 | 适马 | 奥林巴斯 |
| --- | --- | --- |
| SP AF 11-18mm f4.5-5.6 XR Di II LD Aspherical Micro | 17-35mm f2.8-4 EX Aspherical | ZUIKO Digital EZ 11-22mm f2.8-3.5 |

10-22mm镜头拍摄（出处：300Dclub）

10-22mm镜头拍摄（出处：300Dclub）

16-35mm镜头拍摄（出处：300Dclub）

18-55mm镜头拍摄（出处：300Dclub）

10-20mm镜头拍摄（出处：300Dclub）

2. 标准变焦镜头

包括50mm焦距的变焦镜头被称为标准变焦镜头。对于一般摄影者而言使用频率相对高的镜头，大部分都包含广角，使用价值极高。如果拿不定主意先买什么镜头时，不妨首先购买标准变焦镜头进行使用。无论是室内摄影还是室外摄影，适用性都非常高，且和人的视角相似，所以这种镜头的使用率最高。即使是非全画幅，也可以在标准变焦中把焦距从35mm换算成50mm，从而获得标准视角，可以说这是非常适合DSLR使用的镜头。

| 佳能 | 尼康 | 适马 |
|---|---|---|
| EF 24-70mm f2.8 L USM | AF 24-85mm f2.8-4D | 24-60mm f2.8 EX DG |

使用28-70mm镜头的28mm段拍摄

使用28-70mm镜头的70mm段拍摄

使用24-70mm镜头的38mm段拍摄（出处：300Dclub）

3. 长焦望远变焦镜头

长焦望远变焦镜头指焦距为70mm以上的zoom镜头。望远变焦镜头主要使用于运动摄影或其他要表现为小景深的作品中。这类情况下被摄体距离较远且经常移动，需要随着被摄体的运动而改变焦距。

| 佳能 | 尼康 | 适马 |
| --- | --- | --- |
| EF 70-200mm f2.8 L IS USM | AF-S VR ED 70-200mm f2.8G（IF） | 80-400mm f4.5-5.6 EX OS |

使用70-200mm镜头的135mm段拍摄（出处：300Dclub）

在70-200mm镜头中配载2X增距镜，使用400mm焦距拍摄（出处：300Dclub）

4. 高倍变焦镜头

最小视角和最大视角相差10倍以上、广角和望远都包含于一体、具有广阔视角的镜头。

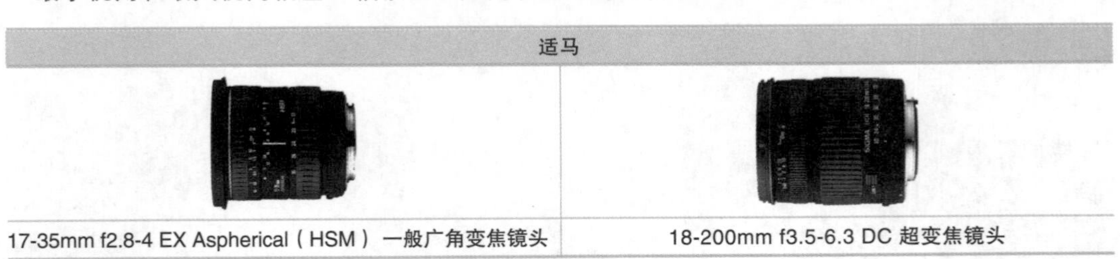

| 适马 | |
| --- | --- |
| 17-35mm f2.8-4 EX Aspherical（HSM）一般广角变焦镜头 | 18-200mm f3.5-6.3 DC 超变焦镜头 |

选择变焦镜头时应该注意镜头的最小视角和最大视角。适马17–35mm镜头最短焦距为17mm，最大焦距为35mm，这表示DSLR的可变化焦距幅度；此镜头只能在所有广角段的焦距中进行变化，因此也可以称之为广角变焦镜头。另外，适马18–200mm镜头的最大焦距是最小焦距的约20倍。即，该镜头可以广角到标准、到望远的所有视角同时进行拍摄。像这种一个镜头可以进行多种视角拍摄的镜头称之为高倍变焦镜头。

## ● 定焦镜头

所谓定焦镜头，是指焦距固定的镜头。因为定焦镜头的焦距被固定，所以其视角也是固定的。如果想要取得自己想要的视角大小，只能够通过改变DSLR和被摄体之间的距离，十分麻烦。特别在室内摄影中拍摄众多的商品时，使用定焦镜头就十分的不方便。但是大部分的定焦镜头因为具有f2.8左右的光圈，因此相比变焦镜头，所得照片要具有更高的清晰度。在人物摄影中，为了不发生弯曲现象，至少应该使用标准焦距以上的镜头。定焦镜头的分类也是以标准视角为基准，以50mm焦距为分界点，前中后分别为广角、标准和长焦望远镜头。

| 广角镜头 | 标准镜头 | 望远镜头 |
|---|---|---|
| 尼康 AF 35mm f2D | 尼康 AF 50mm f1.4D | 适马 105mm f2.8 micro EX |



## 02 以焦距来划分

**下面来了解一下以镜头分类时采用的最基本的标准——即以焦距为中心的镜头分类**

### • 超广角镜头

镜头的焦距在14mm~20mm之间、视角在114°~94°的镜头称之为超广角镜头。超广角镜头的弯曲现象十分严重，特别当以高角度或高角度进行拍摄时，广角的特有弯曲现象会更为严重，在一般的水平角度上时弯曲现象减少。超广角镜头常用于新闻摄影或人物摄影中，可以表现强烈的视觉冲击力，也常使用于建筑摄影和室内摄影中。

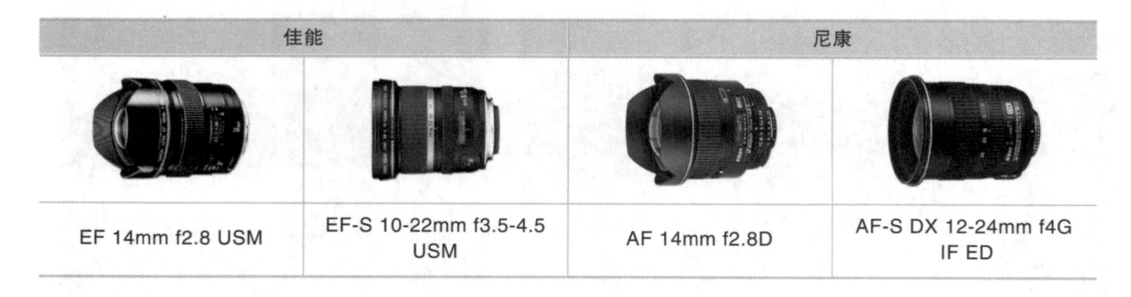

| 佳能 | | 尼康 | |
|---|---|---|---|
| EF 14mm f2.8 USM | EF-S 10-22mm f3.5-4.5 USM | AF 14mm f2.8D | AF-S DX 12-24mm f4G IF ED |

| 适马 | 奥林巴斯 | 腾龙 | 图丽 |
|---|---|---|---|
| | | | |
| 14mm f2.8 EX ASPHERICAL | ZUIKO Digital EZ 11-22 mm f2.8-3.5 | SP AF 11-18mm f4.5-5.6 XR Di II LD | 17mm f3.5 AT-X 17AF PRO |

使用17-35mm镜头拍摄（出处：300Dclub）

使用17-35mm镜头拍摄（出处：300Dclub）

使用12-24mm镜头拍摄（出处：300Dclub）

使用10-20mm镜头拍摄（出处：300Dclub）

## • 广角镜头

广角镜头是指焦距在24mm~35mm（标准广角）之间、视角在75°~63°的镜头。能对被摄体及背景的透视感进行夸张表现，得到大景深的照片。即使不大幅度调小光圈，被摄体的景深也足够大，因此常用于风景摄影中。此外，也常用于抓拍摄影中。主要使用非全画幅的DSLR用户们也常常用于取代标准镜头。夸张的超广角感适用于表现风景摄影时被摄体和背景的写实感。但是，相比超广角镜头，视觉冲击力要差一些。要注意的是，使用广角镜头时，被摄体的纵深感看起来要比实际强一些。在室内进行团体摄影时十分有用，弯曲现象比超广角小，适用于室内摄影或建筑摄影等。

| 佳能 | 尼康 | 适马 |
| --- | --- | --- |
|  | | |
| EF 16-35mm f2.8 L USM | AF 35mm f2D | 17-35mm f2.8-4 EX Aspherical |

使用16-35mm镜头的35mm拍摄（出处：300Dclub）

使用35mm镜头拍摄（出处：300Dclub）

### ● 标准镜头

标准镜头是指焦距在35mm~58mm之间、视角为63°~42°的镜头。因为和人眼的视角最接近，所以称为标准镜头。如果要作更进一步的准确定义，则视角一般为50°、焦距接近相机画幅对角线长度的镜头。视角50°接近人平时的观察角度。人眼视角各种各样，不转动脖子眼睛在上下角度看的视角在180°以上，写字时集中在一处的视角为20°以下。焦距为50mm左右的意思是以35mm胶片为基准，普通DSLR都是非全画幅，因此其标准镜头的焦距也随之改变。标准镜头不会出现弯曲现象，和人眼所观察到的图像最为接近。如果说在购买DSLR时还应该买的镜头，就是标准镜头，这也是最受人青睐的一类镜头。

| 佳能 | | 尼康 | 适马 |
| --- | --- | --- | --- |
| EF 24-70mm f2.8L USM | EF 50mm f1.8 II | AF 50mm f1.4D | AF 24-60mm f2.8 EX DG |

| 奥林巴斯 | | 腾龙 | 图丽 |
| --- | --- | --- | --- |
|  |  |  |  |
| ZUIKO Digital ED 50mm Macro f2 | ZUIKO Digital 14-54mm f2.8-3.5 | AF 28-75mm f2.8 XR Di LD Aspherical [IF] Macro | 28-80mm f2.8 AT-X 280 AF PRO |

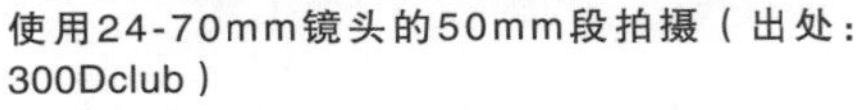

使用24-70mm镜头的50mm段拍摄（出处：300Dclub）

使用24-70mm镜头的50mm段拍摄（出处：300Dclub）

## 03 以摄影方法来划分

**镜头种类不同，其摄影方法也不同。下面来看看拍出不同效果的镜头种类，以及各类镜头的不同用途。**

### ● 标准定焦镜头50.8mm和50.4mm

50.8mm镜头是最大光圈系数为f1.8，称为“全天候镜”。50.8mm镜头价格低廉，具有标准视角，因此大多数人在刚开始时都是买这种镜头。50.4mm镜头比50.8mm镜头价格要贵一些，最大光圈系数为f1.4。两种镜头都是定焦镜头，色彩还原十分出色，但光圈系数开放到最大时多会出现一些柔化现象，在非全画幅中使用时换算焦距为80mm，视角受到一定限制。作为代表性的标准定焦镜头，50.4mm和50.8mm镜头基本包含了能够满足使用的功能，适合于开始学习人物摄影的用户。

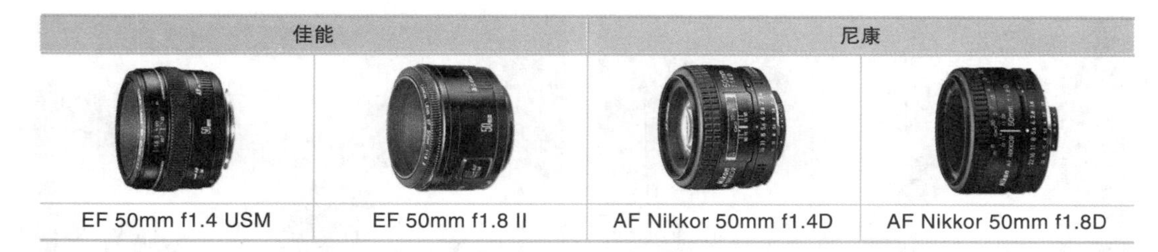

| 佳能 | | 尼康 | |
|---|---|---|---|
| EF 50mm f1.4 USM | EF 50mm f1.8 II | AF Nikkor 50mm f1.4D | AF Nikkor 50mm f1.8D |

使用50mm镜头拍摄（出处：300Dclub）

使用50mm镜头拍摄（出处：300Dclub）

## ● 制造幻想性散焦效果的中焦距镜头

望远镜头中和标准镜头的焦距接近的镜头称之为中焦距镜头。焦距为80mm~100mm，视角为30°~24°。透视感表现自然，具有卓越的散焦效果，适用于人物摄影。

| 佳能 | | | 尼康 | |
|---|---|---|---|---|
| EF 85mm f1.2 L USM | EF 85mm f1.8 USM | EF 100mm f2.8微距 | AF Nikkor 85mm f1.8D | AF Nikkor 85mm f1.4D |

使用85mm镜头拍摄（出处：300Dclub）

使用85mm镜头拍摄（出处：300Dclub）

使用85mm镜头拍摄（出处：300Dclub）

使用85mm镜头拍摄（出处：300Dclub）

## ● 拍摄远距离被摄体的望远镜头

望远镜头的焦距大约为135mm~400mm，视角为16°~6°，非常适用于拍摄远距离被摄体。使用望远镜头拍摄时，景深小，背景处理成散焦效果，可以清楚地区分主体和背景。这种镜头的缺点是体积太重，价格贵，此外因为镜头重直接用手进行摄影有困难，必须使用三脚架等进行拍摄。

| 佳能 | | 尼康 |
| --- | --- | --- |
|  |  |  |
| EF 135mm f2 L USM | EF 70-200mm f2.8L IS USM | AF-S VR Zoom 200-400mm f4G IF ED |

使用135mm镜头拍摄（出处：300Dclub）

使用200mm镜头拍摄（出处：300Dclub）

### ● 拍摄远距离人物的105mm和135mm中焦镜头

以快速对焦扬名的佳能135mm镜头应该算得上是人物摄影中最好的单镜头。相对轻巧的体积和优质色彩还原是其优点，就定焦镜头而言这种镜头的色彩还原性能无话可说。尼康的AF135mm f2D镜头是135mm镜头中具有最大光圈系数的镜头，焦距为135mm，可以随意拍摄远距离的人物。因此经常被使用于篮球或排球等室内体育运动摄影中。

| 佳能 | 尼康 |
| --- | --- |
| 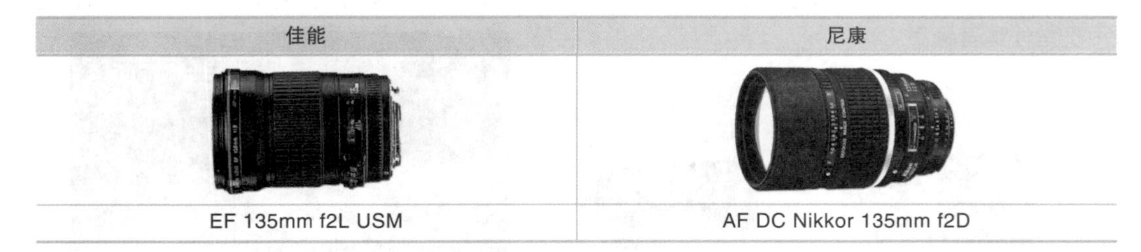 | |
| EF 135mm f2L USM | AF DC Nikkor 135mm f2D |

使用135mm镜头拍摄（出处：300Dclub）

使用135mm镜头拍摄（出处：300Dclub）

### • 180mm、200mm、300mm望远镜头

使用于婚纱摄影和毕业集体摄影等中的镜头，大家应该都见过一两次。价格非常昂贵，除了专门从事摄影职业的人以外，一般人要买会比较有负担。这类镜头是人物摄影的最佳镜头，能够保证卓越的画质。佳能EF 200mm f1.8L USM镜头可以说是世界上对焦速度最快的镜头之一，光圈系数最大为f1.8，不但适合人物摄影也适合室内体育运动摄影。连接扩展镜之后焦距可达400mm，也可以用于室外体育摄影。

| 尼康 | |
|---|---|
| AF Nikkor 180mm f2.8D ED-IF | AF-S VR Nikkor ED 300mm f2.8G（IF） |

| 适马 | 佳能 |
|---|---|
| APO 300mm f2.8 EX DG/HSM | EF 200mm f1.8L |

使用180mm镜头拍摄（出处：300Dclub）

## ● 望远镜头

望远镜头的焦距在400mm以上，视角为6°以下。光圈系数有限光线较暗，体积重主要使用三脚架进行拍摄。价格十分昂贵，一般体育赛事的记者生态摄影时用得比较多。

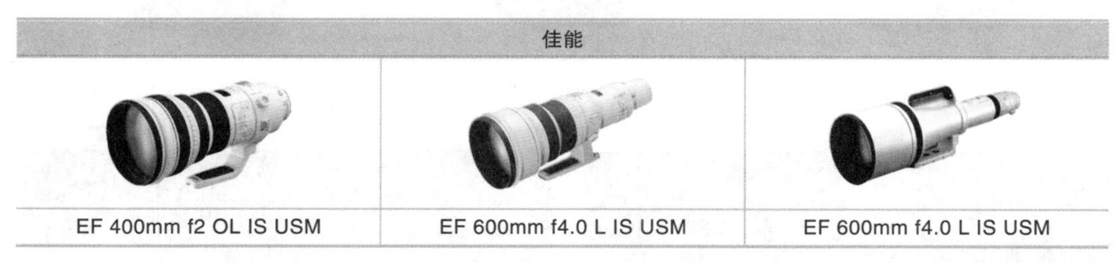

| 佳能 | | |
|---|---|---|
| EF 400mm f2 OL IS USM | EF 600mm f4.0 L IS USM | EF 600mm f4.0 L IS USM |

使用600mm镜头时的样子（出处：300Dclub）

使用600mm镜头拍摄（出处：300Dclub）

## 04 其他分类的特殊镜头

**除了基本的广角、标准、望远镜头之外，还有作为特殊用途使用的镜头。下面介绍特殊用途的镜头，其中包括视角达到180°的鱼眼镜头以及能够进行等比或放大的微距镜头。**

## ● 微距镜头

微距镜头是指近摄摄影的专用镜头。大部分的微距镜头是定焦镜头，从微距一词的含义可以想象出，这种镜头可以把小昆虫和花朵等被摄体进行放大拍摄。普通的50mm焦距的标准镜头可以拍摄的最近距离为45cm，微距镜头的最近距离则为25cm左右。微距镜头能够保证极其卓越的画质，是摄影时缩小了的最近拍摄距离而特别设计的原因。有时在变焦镜头中也带有微距功能，但这不是因为修正收差而内置的功能，而仅仅是为了在原有的焦距上能够进行更近距离的拍摄而已。

| 佳能 | 尼康 | 适马 |
| --- | --- | --- |
| EF 100mm f2.8 Macro USM | AF-S VR Micro-Nikkor 105mm f2.8G ED-IF | MACRO 105mm f2.8 EX DG |

使用100mm 微距镜头拍摄（出处：300Dclub）

使用100mm 微距镜头拍摄（出处：300Dclub）

使用100mm 微距镜头拍摄（出处：300Dclub）

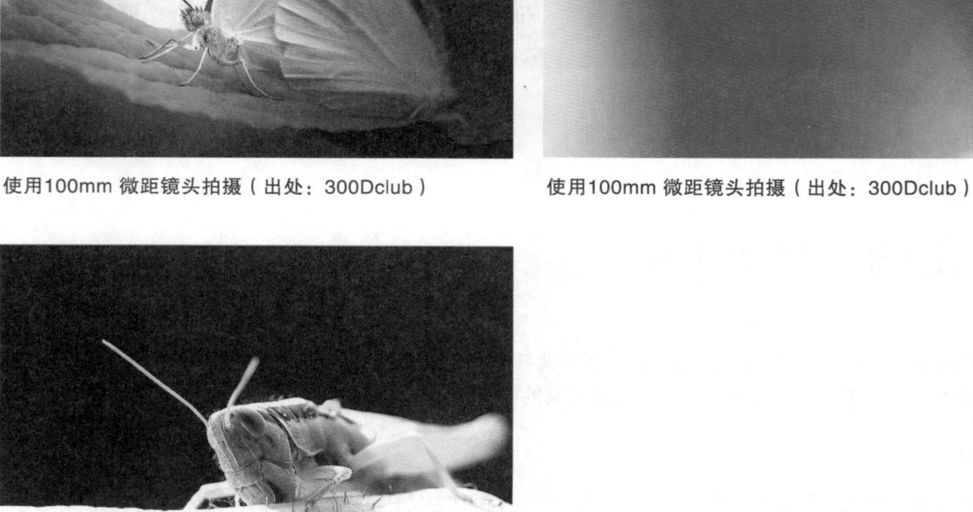

使用100mm 微距镜头拍摄（出处：300Dclub）

## ● 鱼眼镜头

鱼眼镜头是指焦距为7mm~16mm左右，视角为180°的镜头。鱼能够以180°的视角进行观看，因此称之为鱼眼镜头。人眼的普通视角为约50°，不能同时看到头顶和脚，或左肩和右肩。但是把一个鱼眼镜头放在眼前后，因为鱼眼的180°视角，就可以把镜头前的被摄体整个都拍下来。但是，大视角会导致畸变（弯曲收差），离图像中心越远曲线就越明显，中心被摄体看起来显得大，因此在使用鱼眼镜头时要时刻注意其严重弯曲现象。也因为这个缘故，使用鱼眼镜头时一般使用自动对焦比手动调焦要多。

| 佳能 | 尼康 | |
|---|---|---|
|  | | |
| EF 15mm f2.8 鱼眼 | AF FISHEYE 16mm f2.8D | AF DX FISHEYE 10.5mm f2.8G ED |

| 适马 | |
|---|---|
| 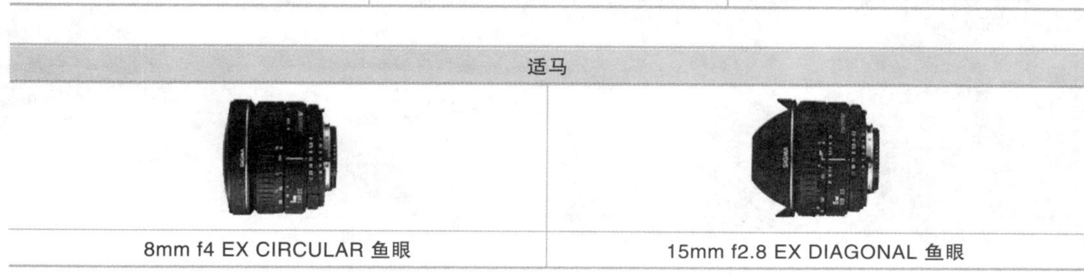 | |
| 8mm f4 EX CIRCULAR 鱼眼 | 15mm f2.8 EX DIAGONAL 鱼眼 |

使用15mm 鱼眼镜头拍摄（出处：300Dclub）

使用1：1全幅画8mm鱼眼镜头拍摄（出处：SLRclub）

## ● 反射式望远镜头

在镜头中装上特殊反光镜片，使用于望远镜头中，可以让焦距变长。在500mm焦距时光圈系数固定为f5.6~f8左右，在1000mm时固定为f11。一般使用于天体观测野生动物的拍摄，其特点为在散焦部分背景呈现为环状。相对其他镜头而言非常稀贵，是一般人难以购到的特殊镜头。一般都是500mm以上的超望远定焦镜头，因此在远距离和鲜艳度上具有卓越的性能表

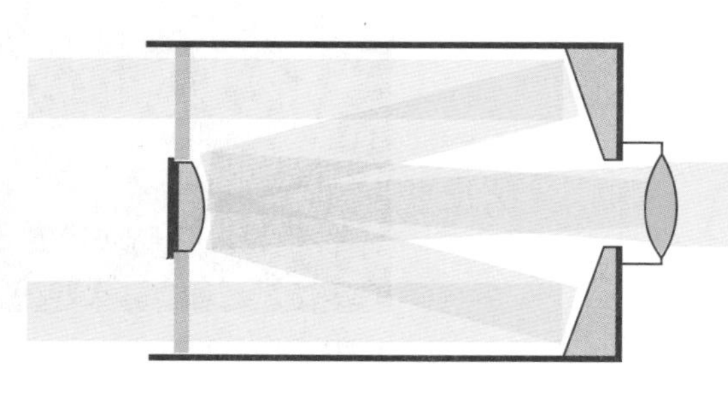

反射望远镜头构造图

现。但是因为无法调整光圈系数，所以景深不可调。因为利用了镜面反射，所以其影像的反差比较弱。

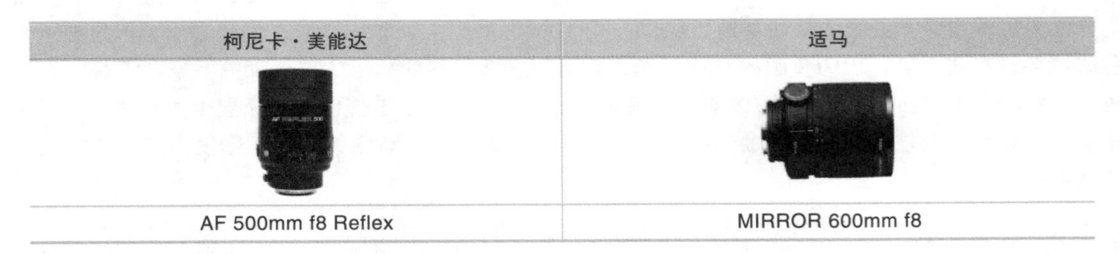

| 柯尼卡·美能达 | 适马 |
| --- | --- |
| AF 500mm f8 Reflex | MIRROR 600mm f8 |

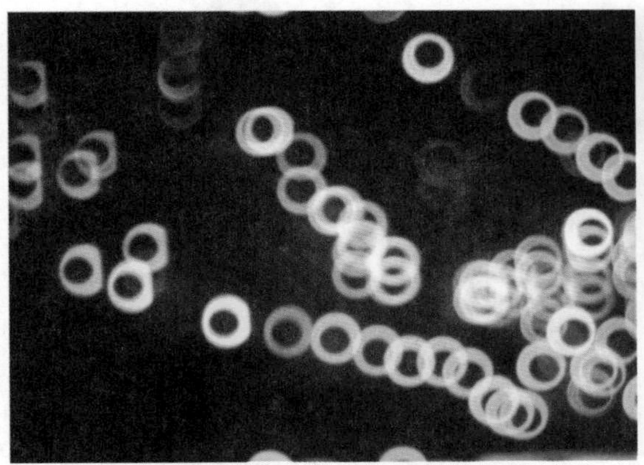

使用反射式望远镜头拍摄（出处：SLRclub）

使用反射式望远镜头拍摄（出处：SLRclub）

## • 天体镜头

有以通过透镜来聚集光的折射式望远镜头和通过光来聚集光的反射式望远镜头。在拍摄用镜头中虽然也有通过镜片来聚集光的透镜，但近来很少为人所使用。天体望远镜目前主要都是反射式望远镜。为了尽量多的聚集光，需要大口径的望远镜，但因为反射镜片比凹凸镜要便宜，所以口径15cm以下的主要使用折射式望远镜，口径在20cm以上的主要使用反射式望远镜。天体望远镜的焦距有多种类型，从100mm~2000mm之间，因此，为了进一步进行放大需要使用放大镜头。

使用FS-1 52拍摄（出处：300Dclub）

天体望远镜（出处：300Dclub）

使用400mm镜头拍摄（出处：300Dclub）

## • 柔光镜头/软焦点镜头

可以得到像在Photoshop中使用模糊效果一样的镜头。常用于人物摄影中增加神秘感。柔光镜头可以把光圈系数开到最大，这时柔光效果比较明显。一般在白背景下使用曝光增加一档，在暗背景下使用增加一档来进行修正。

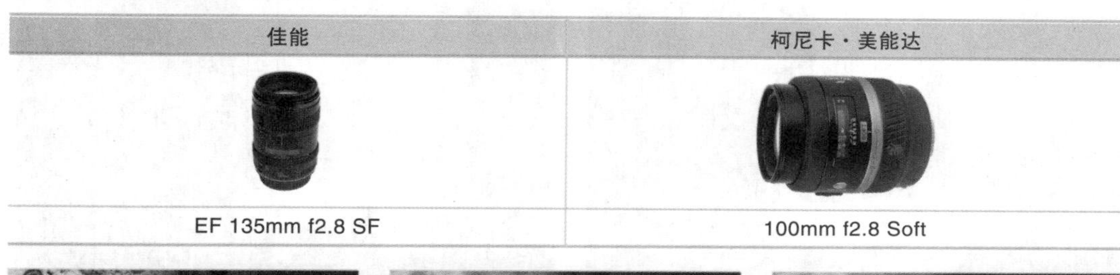

| 佳能 | 柯尼卡·美能达 |
|---|---|
| EF 135mm f2.8 SF | 100mm f2.8 Soft |

柔光level0

柔光level1

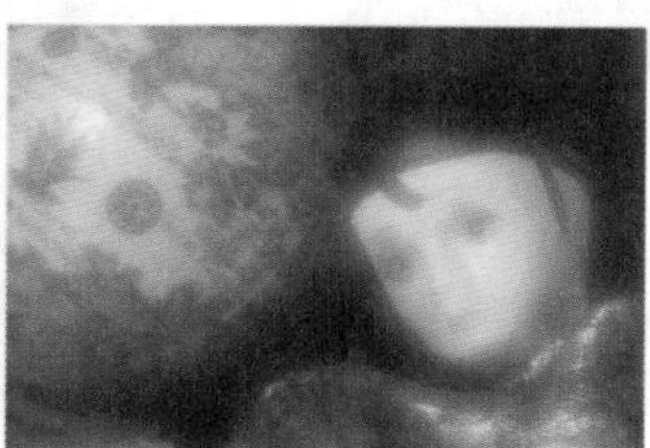

柔光leve2

## • 移轴镜头

在建筑或室内摄影中可以进行上下左右移动的、并能够修正畸变（弯曲现象）的镜头。因为可以调整透视感，因此也被称为PC镜头。

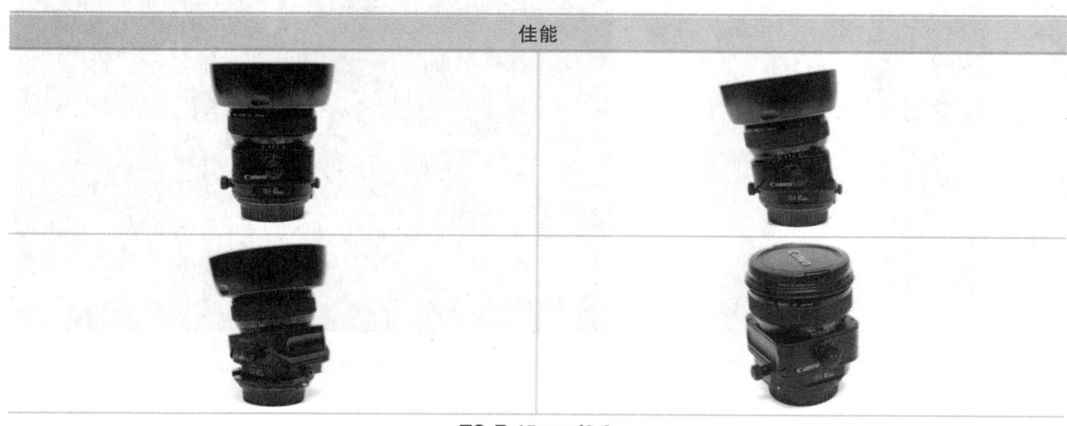

| 佳能 |
|---|
| TS-E 45mm f2.8 |

佳能称之为移轴镜头（Tilt Shift，简称TS）。尼康因其可以调整透视感，也称之为PC镜头。从Shift这个单词可以看出，镜头筒可以进行上下左右的移动。这个功能可以对被摄体的透视感进行夸张或者收缩，以改正畸变（弯曲现象）现象，常使用于建筑和室内摄影中。

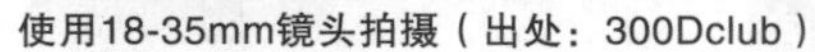

使用18-35mm镜头拍摄（出处：300Dclub）

使用28mm PC镜头拍摄（出处：300Dclub）

从以上照片中可以看出，左边照片是使用一般广角镜头进行拍摄，照片中的建筑越往上就变得越小。而使用TS镜头可以矫正这种畸变现象，使建筑物表现成笔直状态。

另外，内置有Tilt功能的镜头，和焦距范围成直线性的普通镜头不同，使用者可以自由调整焦距的角度进行拍摄，得到非常有趣的照片。

使用TS-E 45mm镜头拍摄（出处：300Dclub）

使用TS-E 45mm镜头拍摄（出处：300Dclub）

## 增距镜

增距镜是把焦距延长至2倍或1.4倍的镜头附属装置。首先在镜头上装上增距镜后再进行使用。例如，在100mm镜头中装上2X适配器，焦距即变为200mm，如果装上1.4X适配器则焦距变为140mm。价格因厂商不同而有较大差距，越是有名公司的产品，价格越贵。肯高（Kenko）的产品中还有把焦距扩大三倍的产品。

DG AF 3 set（佳能用）

AF-S增倍镜TC-17E II

AF-S增倍镜TC-14E II

1.4X适配器APO（D）

2X适配器APO（D）

使用15-30mm镜头的15mm焦距段拍摄（出处：SLRclub）

使用15-30mm镜头的30mm焦距段拍摄（出处：SLRclub）

使用50mm镜头拍摄（出处：SLRclub）

使用70-200mm镜头的70mm焦距段拍摄（出处：SLRclub）

使用70-200mm镜头的200mm焦距段拍摄（出处：SLRclub）

使用70-200mm镜头的200mm焦距段并连接2X适配器拍摄（出处：SLRclub）

使用70-200mm镜头的200mm焦距段+佳能2X，Kenko 2X适配器拍摄（出处：SLRclub）

使用70-200mm镜头的200mm焦距段+佳能2X，Kenko 2X，Kenko 2X 适配器拍摄（出处：SLRclub）

# 任意角度轻松拍！探究光源分类与属性

有句话这样说，“照片是用光绘制的图画”。所谓摄影，其结果不就是利用DSLR，凭着对光的理解和掌握来拍摄下各种的画面吗。光线常常在我们周边停留，一般人往往视而不见。现在开始对周围的光进行认真的观察吧。光是什么颜色，如何进行照射，接受光的被摄体又是以何种形态展现在我们的眼中。对于光的理解要比对DSLR的理解还难，下面开始仔细了解光。

# 依据照明光源的分类 01

根据制作光的素材不同，照明可以分为几大类。代表性的光有自然界的太阳光，室内的日光灯和白炽灯等。下面看看这些光分别具有何种特性，以及如何运用于具体的摄影中。

## 01 自然光（太阳光）

**了解最基本的光——太阳光的特性以及色温的变化。**

太阳光是最具代表性的自然光。太阳光是指照射地球整体的光线。这是最为基本的光线，特性也呈多样性。白天的太阳光可以最准确的表现事物的颜色。但由于太阳的亮度和色温随时在变，对于摄影来说是非常棘手的一种照明。太阳在升起之前的黎明发出青色光，在日出和日落时发出红色光，而在白天则发出白光。太阳光的色温大约每隔2小时会变换一次，白天12点时的色温大约在5000K，这个数值是理想数值，因为太阳的色温会根据季节、天气、摄影场所等多种条件的制约而变化。太阳在不同情况下的色温变化如下。

| 情况 | 色温 |
|---|---|
| 晴朗天气下的北方天空 | 10000K~20000K |
| 云少且阴天的蓝天 | 8000K~10100K |
| 云多且阴天的天空 | 7000K |
| 薄云层的正午太阳光 | 6500K |
| 盛夏的太阳光（上午10点~下午3点） | 5500K |
| 傍晚的太阳光 | 4000K~5000K |
| 日落和日出时的太阳光 | 2000K~3000K |

下面来看看太阳光具有的多种特性。晴朗的日子具有直线光的特性，阴天的日子里具有漫射光的特性。白天的主光是白色光源，此时的色温为适当色温。色温高时呈现偏蓝色，色温低时呈现红色。清早太阳升起之前，天空是蓝色的，太阳的色温高。反之，在日出和日落时则变为红色，此时太阳的色温便低。太阳的色温之所以会随着时间的变化而变化的原因，是由于光的漫射现象。白天时，太阳光和大气层中的水分和灰尘粒子相撞，形成以短波长的蓝色的漫反射现象，天空因而表现为蓝色。但是在日出和日落时，太阳光要通过的大气层变厚，此时，长波的长红色光更容易穿透到达人眼。

另外，白天的太阳光之所以表现为白色，是因为光线在大气层中形成漫射，短波长的蓝色光更容易到达人眼的缘故。因此也被称为天空光，天空光和直射光线合并后就呈现为白色。反之而言，在直射光线被遮断的阴天里色温就会变高。

太阳光在黎明时呈现为蓝青色（出处：300Dclub）

太阳光在傍晚时呈现为红色（出处：300Dclub）

太阳光仔白天时呈现为白色（出处：300Dclub）

tip

## 太阳光的色温

理解了太阳光的色温、方向以及其他特性，将有助于拍摄出好的照片。

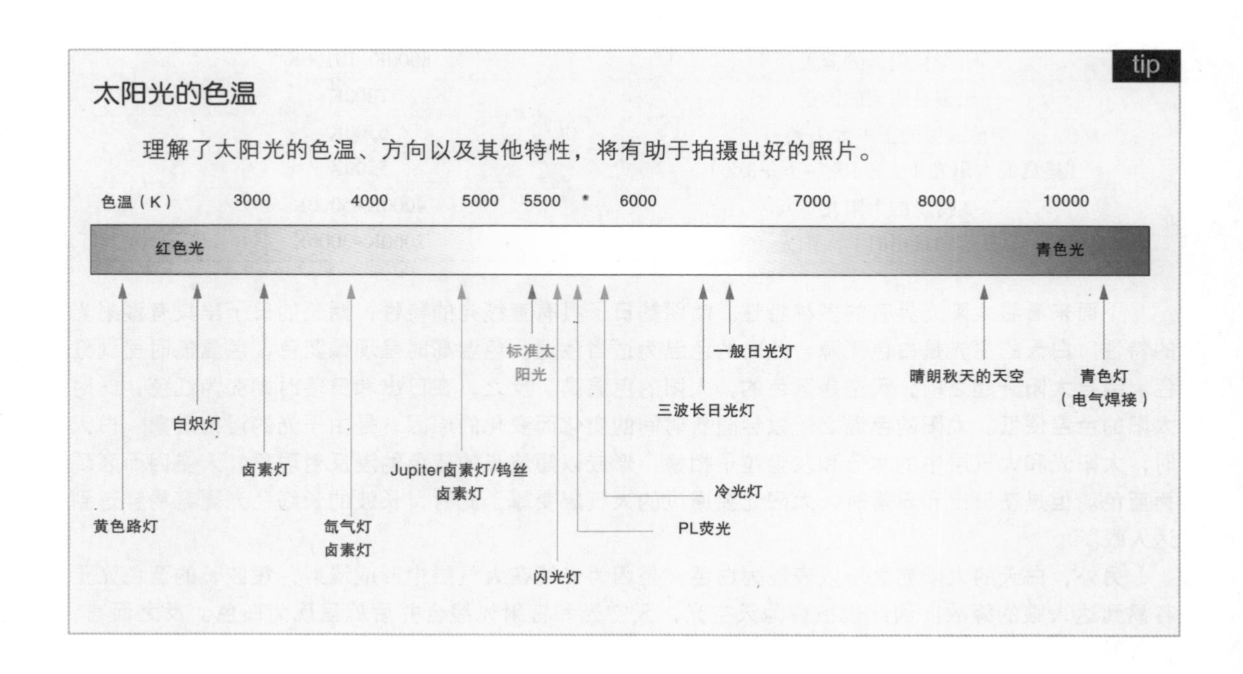

## 02 人工照明——钨丝灯、日光灯、卤素灯、闪光灯

**爱迪生发明电灯以来，数以万计的照明电器不断推陈出新。在室内无法直接接受太阳光，如果没有照明的帮助就无法进行拍摄。下面详细了解一下室内照明的种类和特点，以及经常使用于拍摄中的闪光灯照明。**

### • 钨丝灯

钨丝灯是在由玻璃制造的真空灯泡中内置灯丝，使电流通过钨丝，在高热化的同时发出可视光线。色温低，一般为3000K。灯泡容量在20W以下时为真空状态，20W以上的灯泡因为置入了氮气和氩的混合气体，所以在高温下使用寿命短。另外因为钨丝灯的色温低，照片整体会呈红色，为了防止这个问题，拍摄时最好选择白平衡的钨灯模式。寿命短，经常替换的话费用也高，电源大部分转换为热能，发散高热的热效率高，光效率不过只有7%~8%。即，使用100w的白炽灯，只能得到7%~8%的光，其他全部消耗为热能。在进行人物摄影想要获得暖色调时，使用钨丝灯是个好办法。

钨丝灯照明（出处：www.bbosasi.com）

钨丝灯照明（出处：www.bbosasi.com）

使用钨丝灯拍摄的照片

### • 日光灯

这是我们日常生活中使用最多的照明类型。由美国著名电子GE公司在1938年发明，与现在的钨灯不同，使用电流的紫外线的特殊光谱能源。光源整体柔和、干净。色温大概在5300K，比钨灯大约亮2.5倍，使用寿命长。

日光灯

使用日光灯拍摄的照片

### • 卤素灯

持续使用钨丝灯会使灯泡变黑。为了防止这个现象发生，在灯泡中置入卤素而制作成卤素灯。色温为3200K，比钨灯稍高，使用寿命长。色温几乎不变，但体积比钨灯小。不要用手直接触摸卤素灯，一定要使用手套等物品。另外，在换灯泡时会有爆炸的危险，应该小心操作。现在也常用作家居照明，基本上用于拍摄带红色的照片。

1000W卤素等

使用卤素灯拍摄的照片

## • 闪光灯（Strobo）

Strobo原本是一种照明商品的商标名称，后来成为我们常常所说的，这种使用充电器能和太阳光一样发散出明亮的光线，主要用于室内摄影或室外摄影的辅助光的照明设备的代名词。色温约为5000K~6000K左右。

闪光灯

使用闪光灯拍摄的照片

# 为何要在DSLR中使用闪光灯 02

前面已多次提到闪光灯，下面就来了解一下闪光灯的特点和种类，以及为何在室内摄影中要获得具有真实感的照片必须在DSLR中使用闪光灯。

## 01 获得更加自然的效果

**了解如何在光线不足的地方使用闪光灯获得好效果。**

真实再现现实是摄影的基本功能。为了获得正确再现被摄体准确的色彩的照片，首先测好正确的曝光量。自然界的各种照明千变万化。根据太阳的光量变化，区分为白天和夜晚，这对被摄体产生直接的影响。在室内，为了得到清晰、鲜艳的照片，应该保持适当的色温，以及定量的光量供给。太阳光每隔2小时色温会变化，即使准备做得多么好，一旦时间过了，得到的色彩效果就会和想象中的不同。特别在DSLR中，无论色彩的设定，即白平衡的设定十分的重要，但也必须提供一定的光量以保证适当的色温。

能够满足这所有条件的照明就是闪光灯。闪光灯从电容器中积聚电力，通过发光管发散光线。在用持续光源拍摄时，需要长时间打开光源，这样浪费很多电力，又会使得灯管寿命变短。但是，因为闪光灯只在需要的时候才从电容器中积聚电力进行发光，其电力费用和耐用性方面都更为出色。此外，闪光灯最大的优点就是可以通过定量的光量来保证供给和太阳光类似的适当色温。

未时用闪光灯

使用闪光灯

## 02 闪光灯的分类

**了解不同用途和规格的闪光灯。**

闪光灯大体可以分为影棚用和相机用两类。影棚照明是指使用于模特摄影、广告摄影以及艺术摄影等中的专业照明。相机用照明是指装在DSLR中的闪光灯，此类闪光灯还可以分为内置型和外置型闪光灯。外置型闪光灯一般装在DSLR上，设计上携带方便，经常使用于婚庆典礼、室内活动或新闻报道摄影中，缺点是不能够细致的表现被摄体，而且在表现具有特性的照片上有许多不足。因此，在影棚摄影中就需要能够提供更为丰富光量的闪光灯。

如果要对室内用闪光灯进行再分类，则根据用途可以分为商品摄影用和人物摄影用两种。严格来说，在拍摄小商品时使用小闪光灯，在拍摄人物模特时室内空间要大、需要能够提供大光量的闪光灯。即，相比以用途来选择闪光灯，还是更应该根据被摄体的大小和种类的不同而进行正确的选择。闪光灯的区分标准的数值是闪光指数。

决定光量的最基本的标准是瓦特数。瓦特数虽然是决定光的强度的重要因素，但并不是说瓦特数决定着闪光指数。在持续光源的情况下，即使是和闪光灯相同的瓦特数，也有照度比闪光灯低的时候。为了方便而以只对于同一照明的闪光灯瓦特数来进行分类。

tip

### 闪光指数的概念和使用

所谓闪光指数闪光指数，是表示照明的亮度单位。照明亮度和瓦特数无关，实际上也不相同。闪光指数高表示光量高，反之则表示光量低。例如，闪光指数为20，是指镜头的光圈系数为f1.0时，应该在闪光灯和被摄体的摄距为20m处进行适当的曝光。闪光指数的公式如下：

闪光指数=光圈数×摄距

要应用闪光指数，则首先要确认闪光灯的实际光量，再记录下以光圈数分别计算出的距离表进行使用。如果事实上有闪光指数为36的闪光灯，则光圈数和距离的关系如下表：

| 光圈数 | 摄距 | 闪光指数 |
|---|---|---|
| f2.0 | 18m | 36 |
| f2.8 | 12.8m | 35.84 |
| f4.0 | 9m | 36 |
| f5.6 | 6.4m | 35.84 |
| f8.0 | 4.5m | 36 |
| f11.0 | 3.3m | 36.3 |
| f16.0 | 2.3m | 36.8 |

光圈系数和被摄体的距离符合上面所列公式。

闪光指数是以ISO100为基准所测定的数值。如果ISO增加为2倍，则光所到达的距离要变为根号2（约1.4倍）倍远。即，在ISO100的情况下，光所到达的适当距离为10m；则当在ISO200的情况下，该距离为14m；在ISO400的情况下，则距离为$\sqrt{2}\times\sqrt{2}$，在大约2倍的20m处是曝光的合适点。

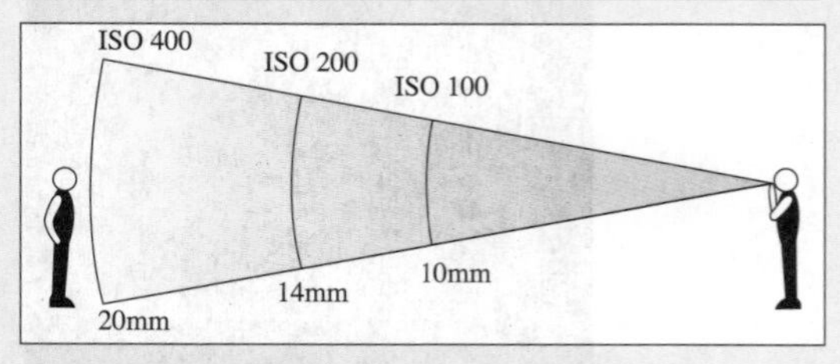


根据ISO数值变化的闪光指数

**1. 便携型闪光灯**

大部分的DSLR中都内置有闪光灯。这种装在DSLR机身里的被称为内置型闪光灯。使用热靴（闪光灯插座）,然后再装上其他的闪光灯称之为外置型闪光灯。以下介绍的是具有代表性的便携型闪光灯。

佳能闪光灯 580EX

奥林巴斯闪光灯 FL-36

适马闪光灯 EF-500DG Super EO-TTL II

尼康闪光灯 SB-600

便携型闪光灯因为携带方便，因而常使用于取景现场或仪式举行现场等室内摄影中，也常使用于阴天的野外摄影或阴影下的人物摄影。此外，灵活的使用照明用雨伞也可以作为出色的影棚照明来使用。

使用便携型闪光灯拍摄

未使用便携型闪光灯拍摄

tip

### 闪光灯的多种工作方式

**TTL（Through The Lens）**

DSLR调节光量的方式。其工作原理为通过照相机镜头的光线进行测量。在自动模式中，应该事先观察周边光量，设置好适合的光圈系数；在手动模式中，使用者可以直接寻找恰当的曝光数值。

**E-TTL（Evaluative Through The Lens）**

1995年首次推出的方式。操作原理是，按下快门进行拍摄时，闪光灯先向被摄体发光，计算被摄体的反射率，通过其分析数值来决定恰当曝光量。

**FEL（Flash Exposure Lock）**

可以把DSLR中锁定曝光值的A-EL功能直接在闪光灯上进行使用。DSLR的对焦点对特定部分进行记忆，按下FEL按钮，DSLR保存下对焦点和对焦部位的测光信息，可以在曝光值不变的状态下可以改变构图，这是其优点。

#### 2. 400W以下的闪光灯照明

不足400W的闪光灯照明在影棚摄影中作为辅助光源进行使用，在商业摄影中作为小商品摄影用的主要光源进行使用。也可以在半身人物摄影中做为主光源进行使用。400W级的闪光灯照明有时候也作为模特全身摄影的主光源使用，光量充足。

25W闪光灯

45W闪光灯

88W闪光灯

JTL-160

JY-120

Versalight J-110

Forest 200

Versalight D-300

### 3. 400W以上的闪光灯

400W以上的闪光灯照明主要使用于大型影棚中。光量丰富而充足，可以进行各类题材的摄影。一般使用于模特摄影或大型产品摄影。

杰呢尼斯400W

杰呢尼斯600W

使用400W以上的闪光灯拍摄

## • 主灯

在狭窄空间内，应尽量选择大的柔光灯箱作主灯为宜。因为照明和模特的摄距近，如果用小的柔光灯箱，这样闪光灯的光照面积小，会使被摄体照明不均匀。

400W 闪光灯1个

R90八角柔光灯箱1个

V303灯光支架1个

• **背景灯**

能把商品表现得最为自然的背景色是白色。当然在网页设计中，最适合整体设计的也可以说是白色。但是一般只使用两个照明来照射模特进行拍摄时，会发现因背景和模特之间有距离，即使使用的是白背景，拍摄出来的白背景不是白色而是灰色了。因此，大部分在Photoshop中进行后修正，既浪费时间又没有提亮。

减少在Photoshop中浪费时间的办法是，在背景和模特之间增加照明，也就是说除了照射模特的主光源以外，在背景处再放置其他的照明。使用照明提亮背景时，最好是使用多个小光量照明，或者使用大光量的大柔光箱。

400W闪光灯1个

75×150 长时间柔光灯箱1个

V303灯光支架1个

• **辅助灯**

把主灯放在左边视角进行照射时会发现，右边会产生许多的阴影。为了提亮这部分阴影里的细节而使用的照明就是辅助灯。

180W 闪光灯1个

50×70长方形柔光灯箱1个

V303灯架1个

• **顶光**

我们在看事物时大部分的光都是从顶上照下来。因此，照明从上面照下来的光会让人感觉非常的有亲近感。使用顶光时，最好是能够保持直射光而不是扩散光，生成强光使得气氛更为突出。

180W 闪光灯1个

50×70长时间柔光灯箱1个

V303灯架1个

LB22H灯光平衡支架1个

出处：www.bbosasi.com

### 4. 充电型闪光灯

所谓影棚照明并不一定只在室内进行使用。室外摄影也会需要用到闪光灯，在提供电源困难的地方可以使用充电型的闪光灯。

充电型闪光灯组合

使用充电型闪光灯的样子

### 5. 数码程控照明装置

在室内照明中，是由人来进行细微的调节光量。但是要得到准确的曝光值时，需要进行以不同的曝光组合逐一试拍或者要以经验来判断准确曝光。为了解决这个不便之处，通过用软件来调节照明曝光的电脑程控系统装置面世了。

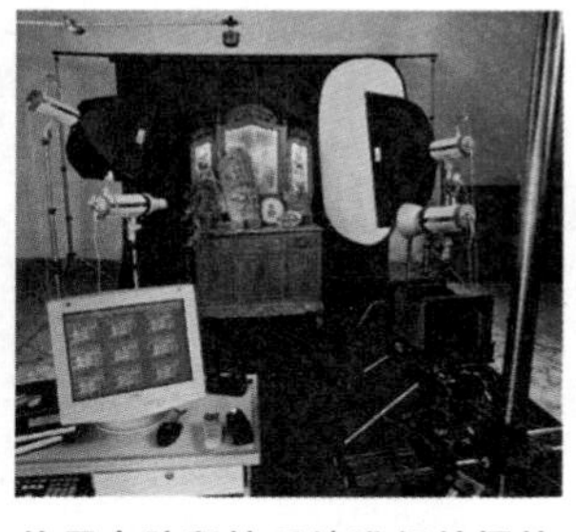
使用电脑程控系统进行拍摄的样子

可以在照明装置中标识闪光同步器和光量（出处：Goodsgood.net）

### 6. 柔光灯箱

闪光灯大部分都以散射光的形态进行使用。为了让闪光灯直接发出的光成扩散形态，需要使用漫射伞或柔光灯箱。柔光灯箱的大小决定着光量的多少。使用柔光灯箱时，针对其大小有相对应的照明瓦特数和闪光指数，一般来说柔光灯箱的大小和人大小相近时，作为主照明工具对整体亮度进行调节。半身人大的柔光灯箱可以作为主光源也可以作为侧光源。小型柔光灯箱在小商品摄影中作为主光源进行使用，在模特摄影中则作为辅助光源进行使用。

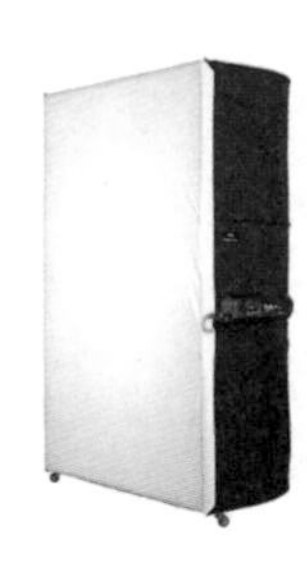

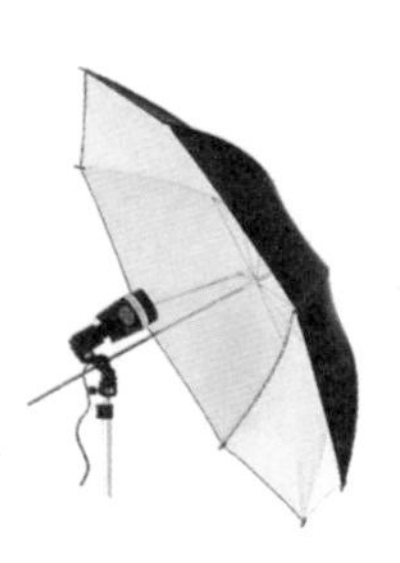

tip

## 照明器材选购方法

根据使用目的不同，照明的选购方法也不同。选购照明的人一般都是经营影棚的人或对摄影照明具有一定程度了解的人。但随着DSLR的发展，也会有一些家庭中的普通人需要影棚照明器材。造成普通人购买摄影专业照明的决定性动机往往都是缘于这些人在经营着拍卖场等类型的网上商店。对于电子商品而言，照片可以说是商品销售中最重要的手段之一，只有照片拍得好，才能够提升销售量。虽然许多人已经认识到照明的必要性，但却并不清楚应该选购何种照明器材合适，有的买了昂贵的照明器材却不会使用，甚至有的人买的照明器材和想要拍摄的商品完全没有关联，既费钱又费力，种种情况不一胜数。

### 选择持续照明还是闪光照明?

照明大致分为持续照明和闪光照明。持续照明是指钨丝灯或卤素灯，它们可以给被摄体提供持续的照明，优点拍摄者可以准确把握照明方向和各类光的强弱。此外，钨丝灯照明的色温低，在拍摄人物时可以使人物的皮肤颜色呈现暖色调。但是，相比以上这些优点，持续照明的缺点更多。持续进行照明会造成电力的大量消耗，灯具使用寿命短。此外，发热多，随着亮灯时间变长色温会起变化，要想提高亮度就需要增加灯泡或增加瓦特数。这都是不方便的地方。

而闪光照明首先色温准确，电力消耗小，拍摄时能瞬间提供定量的光量。大部分DSLR中内置的闪光灯都是代表性的闪光照明。护照照片、婚纱摄影等大部分的室内摄影时用的都是闪光照明，从中可以看出闪光照明的优秀性能。但并不是说一定只能够单独使用闪光照明或者持续照明。也可以把闪光照明作为主照明，把持续照明作为辅助照明使用，从而拍摄出不同照明效果的照片。

**选择艺术创作用照明器材还是商业用照明器材?**

选择照明时首先要明确自己的使用目的。以网上拍卖或儿童影室等商业摄影为目的时，使用闪光照明要更为有利。以艺术创作活动或其他特定目的进行拍摄时，则可以在闪光照明或持续照明中选择自己需要的照明器材种类。此外，持续照明根据其种类的不同色温会有区别，需要经过一番判断后再行选购。

## 不同闪光方向下的拍摄效果

光就像一种魔术表演，随着光照射的方向不同，被摄体所呈现的效果也千变万化。就像这句话所说，照片是“用光绘制的图画”，如果说光决定着照片的命运也并非夸大其词。光的方向决定着被摄体以何种形态呈现，了解和掌握光的方向和作用有助于拍摄出更好的照片，这是谁也无法否认的。为了掌握用光方法，下面首先来了解光的种类和作用。

### • 依据水平角度的分类

以被摄体为中心，在前后左右4个方向及各方向间的4个角度——共8个角度上投射照明进行拍摄。下面分别介绍各个照明的特点和使用方法。

水平角度上的照明排列

**1. 顺光**

顺光，也称之为正面光。置于被摄体的正前方，即从DSLR的拍摄方向发出的光。顺光，可以对被摄体整体进行照亮，但呈现的是平面感。这种光是摄影中使用最多的光类型，常用于纪念照片、产品照片以及证明照片等的拍摄中。但是，在室外人物摄影中，模特向着太阳时会皱眉，在表现立体感上有所不足，需要和前侧光或侧光一起使用。

使用顺光拍摄

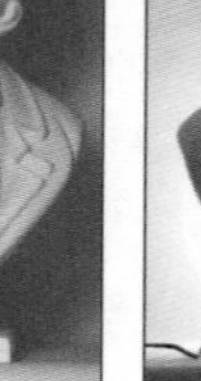

使用逆光拍摄

**2. 逆光**

逆光可以表现被摄体的轮廓，可以调整背景的明暗效果。因此在需要突出被摄体的轮廓时进行使用。使用逆光时，会在被摄体的前方生成浓厚的阴影，为了防止这种现象发生，使用逆光时应对脸部进行曝光拍摄。当在室外拍摄选择逆光时会出现光晕现象，这时拍摄者最好能够转移到阴影等处进行拍摄。

**3. 侧光**

从被摄体的左边或者右边射入的照明，可以强烈的表现左右明暗对比。在需要突出强烈的量感和质感时使用，但仅使用侧光表现力不够，需要和顺光或前侧光共同使用为好。利用早晨或傍晚太阳光可以表现出侧光效果。

#### 4. 前侧光

从被摄体正面45°角射入的光源。射光能够有助于表现被摄体整体的量感和质感。但是会在背景上生成阴影，为了隐藏阴影，需要同时使用逆射光或逆光。另外，应该使用柔和的顺光来消除浓重的阴影。

#### 5. 逆侧光

从被摄体后面45°角射入的光线，被照射的被摄体明亮部分为30%左右，阴暗部分为70%左右。来源于著名画家伦勃朗的主要使用技巧，因此也称之为伦勃朗照明。和逆光一样会出现耀斑或光晕现象，在拍摄时应多加注意。和逆光相比，光效果更为柔和，光从被摄体的后方射入有助于凸显轮廓，更强调出存在感。单独使用逆侧光时看不到任何效果，和侧光、侧光或顺光一起使用时可以获得强烈效果。

使用侧光拍摄

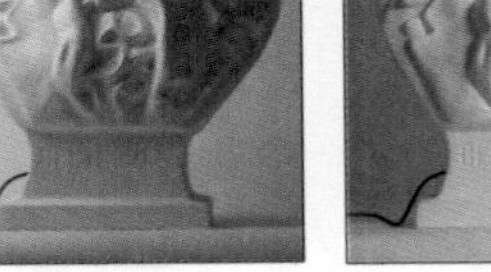

使用前侧光拍摄

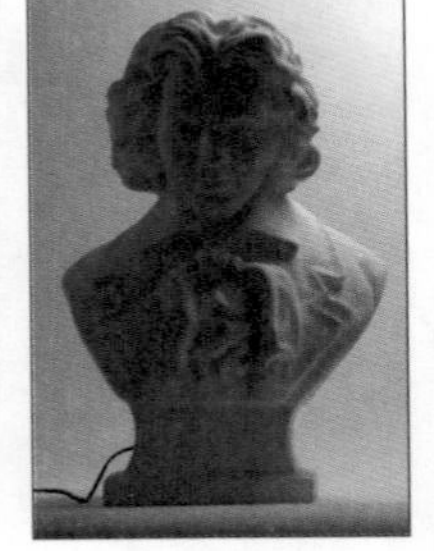

使用逆侧光拍摄

逆光/射光

逆光/前侧光/逆侧光

逆射光/射光

顺光/前侧光

顺光/侧光

顺光/侧光/前侧光/逆侧光

顺光/侧光/前侧光/逆侧光/逆光

侧光/逆侧光

## • 依据垂直角度的分类

可以拍出多种效果的照明方向就是垂直方向。在垂直方向上可以对被摄体进行最为多样的表现，下面来看看在垂直方向上被摄体是如何被表现的。

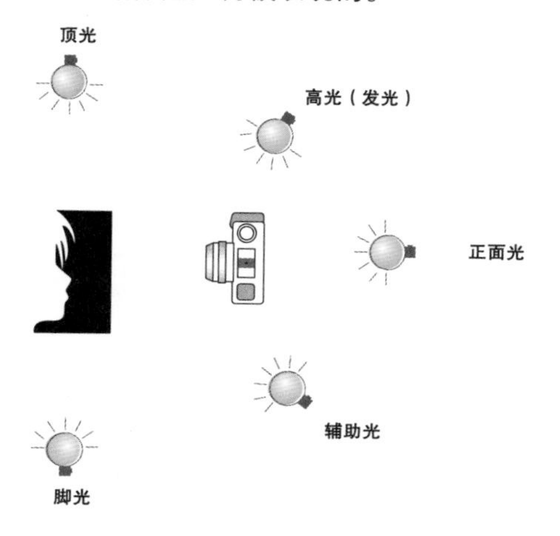


垂直角度上的照明排列

### 1. 顶光

顶光是从被摄体上方照射的光源。可以表现被摄体的明暗和凹凸，在白天的太阳中可以很容易使用的顶光。生成的阴影形状和被摄体十分相似，可以更写实地突出被摄体。

顶光

高光

### 2. 高光

正面45°角射入的照明。在人物摄影时，会在额头部分形成高光。鼻子下方的人中部分会生成浓厚的阴影，在人物摄影中能够可以形成极强烈的对比。在商品摄影中作为主光使用。为了消除后面生成的阴影部分应该和背光源一起使用。

### 3. 正面光

和顺光一样，从正面直接射入的光源。正面光的作用是使被摄体呈现平面效果。

### 4. 水平面辅助光

从正面45°下方射入的光源。从两边射入的水平面辅助光可使被摄体看起来更为理想、更能提高集中度。

正面光

水平面辅助光

#### 5. 脚光

所谓foot light， 顾名思义就是从脚底下发出的光源。在溜冰场等反射率高的场所经常能够看到的光源类型。在黑暗的地方发出的foot light能够营造恐怖感。电影或电视场景中当反派人物、鬼神或吸血鬼出场时就会经常使用到。

脚光

### • 散射光的运用

为了在摄影中使用照明，必须把光线变成散射光。因为直射光会把被摄体的明暗部分进行明显区分，使得被摄体整体以明暗平均的形式表现。而散射光因为光质柔和，光的直进性变弱，可以以平均亮度照射被摄体。使光进行散射的方法大致可分为反射散射和漫射光。反射散射射光是指利用直射光通过某种物体后反射过的光。漫射光是指利用让光通过半透明的物体后散射出来的光。在白天里太阳光不能直接射入的树丛阴影中可以看见物体的原因，就是因为存在从地面反射出来的散射光。

#### 1. 直射光

直射光直接照射在被摄体上，明暗区分十分明显。直接接受光的部分曝光过度，会使得被摄体的面消失。不接受光的反面则因为曝光不足会显得黑暗。如果要表现的是被摄体的细致部分，建议不要使用直射光。在人物摄影中还要避免使用代表性的直射光即太阳光，或者在人物摄影时使用反光板来消除直射光投下的阴影部分。使用内置闪光灯的DSLR在近距离拍摄人物时，由于直射光的缘故照片上会失去很多层次。这时应该适当拉远人物和DSLR的距离，弱化直射光对人物的照射。

直射光的照明安排

使用直射光拍摄

#### 2. 反射光

反射光的光线明朗，可以清晰的表现被摄体。在树影中即使不直接接受太阳光也能够看到物体的原因就在于有反射光。在使用反射光时，进行反射的物体所具有的颜色很重要。最好是使用无色的反射板，在人物摄影时为了表现好皮肤的色彩也可以使用金黄色的反光板。另外，反射散射光的光质柔和、柔软性强，可以使折射严重部分的阴影消除。

反射光的照明排置

使用反射光拍摄

3. 漫射光

漫射光可以参考我们家里最常用的日光灯。日光灯的表面被处理成半透明，发出柔和的光线。反射光虽然根据反射的面不同而不同，散射范围比漫射光要窄；但是可以让被摄体表现得更亮丽。漫射光因为通过了半透明物体的缘故，光线不够清晰。适合于表现大空间的散射光效果。

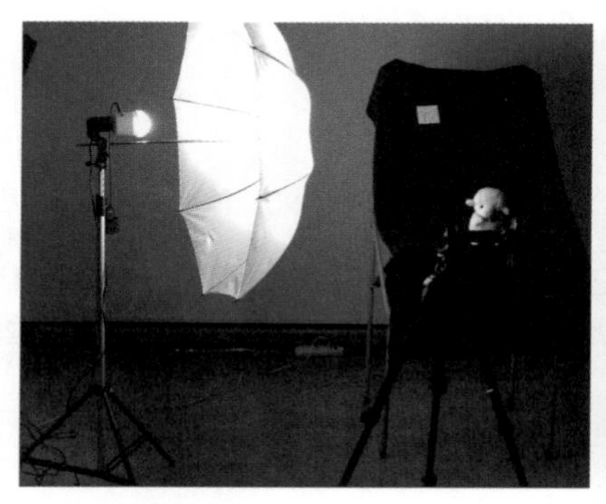

漫射光的照明安排

使用透射光拍摄

# 如虎添翼！DSLR摄影辅助装备

除了DSLR以外，还有固定DSLR的三脚架，保存照片的存储卡，以及表现各种效果的滤镜等许多辅助装备。在本章中，让我们来了解一下都有哪些辅助装备可以帮助我们拍摄出更好的照片。

Section

# 获得无抖动画面的保证——三脚架 01

说到使用DSLR必须要购买的设备，许多人都会想到三脚架，三脚架对于摄影的重要性可见一斑。那么，下面就让我们来了解一下获得清晰照片的必要因素——三脚架吧。

## 01 为什么要必备三脚架

**三脚架是使用DSLR拍摄时必备器材之一。下面看看为何要使用三脚架。**

### ● 第一，因为要使用笨重的镜头。

使用望远镜头等体积重的镜头时，只用手来把持照相机对于固定构图有一定困难，这时候需要使用三脚架。

使用体积重的镜头时使用三脚架
（出处：300Dclub）

### ● 第二，为了使用低速快门速度拍摄。

用手端着DSLR进行拍摄时，一般最少要保证1/60s以上的快门速度。但是在需要用比1/60s更慢的快门速度按照自己的意愿进行拍摄时，就必须使用三脚架。

为了保证快门速度，也需要使用三脚架
（出处：300Dclub）

● **第三，为了保证选好的构图。**

在室内进行商品摄影、全景摄影或微距摄影等固定的构图摄影时必须要使用三脚架。三脚架本来的任务就是对DSLR进行固定，确保其不发生抖动。

像拍摄日出这样需要固定构图的场景时，必须使用三脚架
（出处：300Dclub）

● **另外，当大家要一起合影时。**

这是在电影或旅游胜地经常能看见的场景。使用三脚架固定构图后，设置自拍后，拍摄者也加入到被拍摄的队伍中去了。

和拍摄者一起拍照时需要使用三脚架
（出处：300Dclub）

tip

### 笨重的三脚架 VS 轻巧的三脚架

三脚架应该是有一定重量的为好。相对重一点的三脚架能够支撑起望远镜和重的DSLR机身，在室外刮风的时候也能够进行稳定的支撑。但如果三脚架太重又会有携带不方便的问题，所以应该挑选适当重量的三脚架。大小以合适自己身高的为宜。三脚架的高度一般以三支脚架使用者的高度为基准，偶尔也把三脚架的中心支撑杆作为基准.但使用中心支撑杆时的稳定系数较低，所以选购三脚架时，还是应该把脚架都打开，装上DSLR，选出适合自己身高的类型。三脚架一次性购入以后能够进行半永久性的使用，想想要把贵重的DSLR放在它上面，还是应该进行充分投资比较好。

## 02 三脚架的结构

下面了解三脚架的结构。

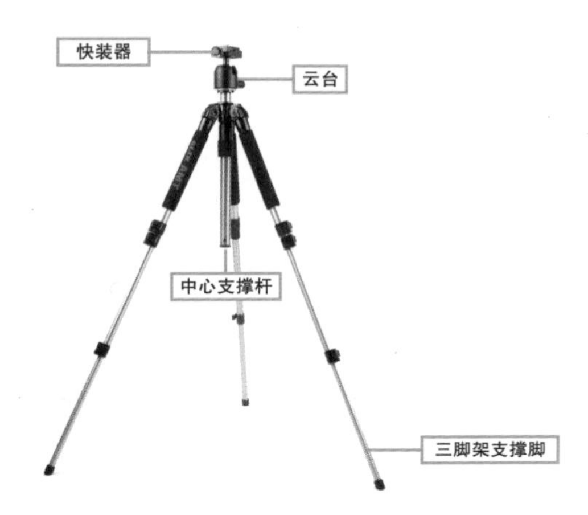


三脚架大致可以分为四个部分。构成三角架自身的三个脚架，调整DSLR方向的云台，连接DSLR和三脚架的快装器，以及在三脚架中调整高度的中央峰。Plate有的挂在三角架上，也有的配载在DSLR上进行单独使用。三角架的脚架有3节或4节，3节式的携带不便但是稳定系数高，4节式的携带性强但是稳定性不够。云台根据驱动方式的不同可分为三向云台和球型云台。

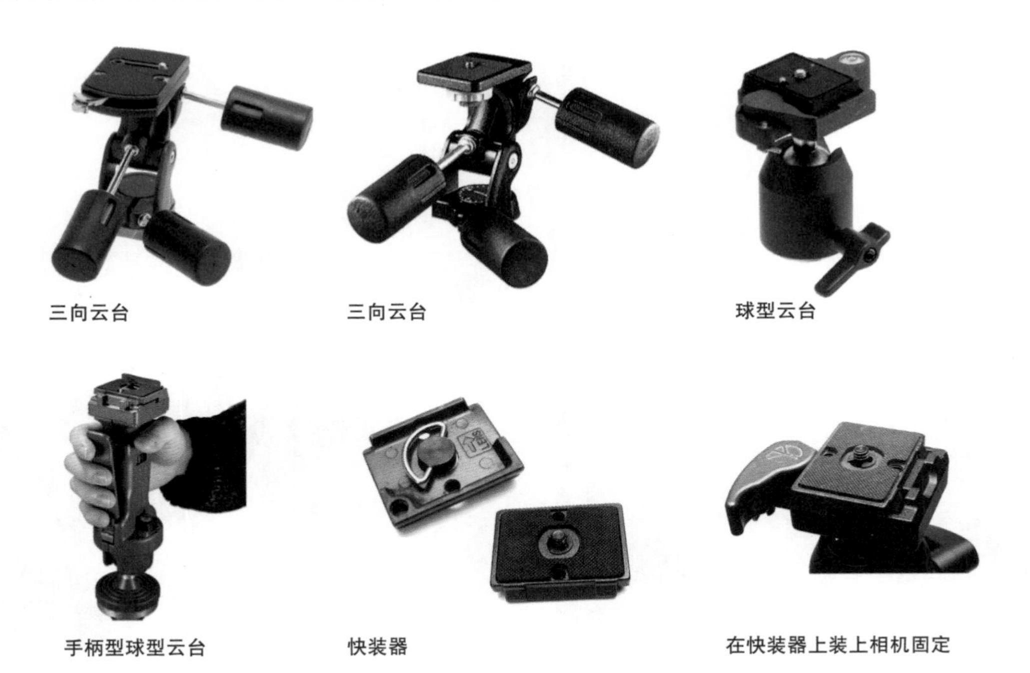

三向云台　三向云台　球型云台

手柄型球型云台　快装器　在快装器上装上相机固定

在三向云台中分别有三个独立的设置方向的手柄，刚开始用于调节构图时会觉得比较困难，但经过细致的设置调整以及连接上较重的DSLR和镜头后就会觉得很方便。球型云台可以利用杠杆随意控制方向，因而容易适应。球型云台大致可以分为两类，一类是用一只手来抓住杠杆调节DSLR的手柄型，另一种是拧手柄来固定云台的装置。

说到三脚架的使用方便性，则因人而异，选购时应充分考虑自己的使用习惯。对于入门者而言，三脚架包括球型云台、快装器的预算费用在2000元左右比较合适。除了三脚架，还有支持DSLR的独脚架，顾名思义就是只有一个脚，拍摄者需要用手扶住DSLR。在体育摄影中经常使用，可以快速地移动笨重的DSLR。

**参考** 三脚架由金属材料制成，在深秋季节如果用手直接抓住三脚架会很凉，现在已经有外层裹上海绵的产品，稍差些的也有裹上薄层胶套的。

独脚架

使用独脚架
（出处：300Dclub秘密瞳孔）

使用三脚架1（出处：300Dclub）

使用三脚架2（出处：300Dclub）

# 让照片锦上添花的利器——滤镜 02

滤镜就像人们佩戴的太阳镜，放在镜头前既可以保护镜头，同时又可以进行多种多样的效果表现。种类繁多，正确区分其用途进行使用可以拍出非常棒的作品。

## 01 去除反射光的偏光滤镜

**下面介绍称为PL滤镜的偏光滤镜。**

偏光滤镜常常被称为PL滤镜，这是Polarizer的缩写。使用目的在于过滤光中的漫反射或反射光。会加强一定的反差，减少一定的曝光度。也可以代替ND滤镜进行使用来减少光量。偏光滤镜主要使用于商品摄影、风景摄影或人物摄影等中去除表面的反射。例如，在拍摄橱窗内的陈列品、从车窗内看外面的风景等时，可以用于去除反射光而获得清晰图像。偏光现象通常在倾斜的透射光在电绝缘表面上进行反射时发生。偏光滤镜在自动对焦时会有困难，因此经常使用于手动调焦中。

图巴芝Topaz PL滤镜

东芝PL滤镜

使用偏光滤镜前（出处：300Dclub）

使用偏光滤镜后（出处：300Dclub）

## 02 让天空更蓝的CPL滤镜

**了解一下和偏光滤镜类似的CPL滤镜。**

CPL滤镜可以看成是PL滤镜的改良型，因为PL滤镜在自动对焦时有对焦难的问题。在PL滤镜中半透膜使光线以圆形进行偏光，而在CPL滤镜上多加了一张半透膜。单纯从去除偏光来说，直线偏光的PL滤镜就足够用了。当要加强色彩、把曝光程度降低一档以及去除照在玻璃上的反射体时，需要用到CPL滤镜。

摩如匹CPL滤镜

使用CPL滤镜前（出处：300Dclub）

使用CPL滤镜后（出处：300Dclub）

## 03 表现梦幻感觉的柔光镜、雾化镜

**下面了解一下雾化镜和柔光镜。**

雾化镜使用于风景和人物摄影中，增加像雾一样的柔和效果。根据雾化浓度的不同，又分为淡浓度的FOG A和重浓度的FOG B。FOG A使整体具有柔化效果，FOG B则表现出清晨的气氛效果。

柔光镜则在人物照片中表现出虚幻感。即，光线呈发散状态使人物表现柔和。使用雾镜拍摄的照片就像画面整体充满了雾的感觉，而使用柔光镜可以表现出被摄体的立体感和减少反差。如果没有这类滤镜，可以在冬天里对着镜头入口哈气，虽然效果也不错，但是容易把湿气带入镜头中容易生长霉菌，这是应该注意的。

布列美SOFT-II

尼康柔光滤镜

使用柔光镜拍摄
（出处：300Dclub）

用哈气代替柔光镜拍摄的照片

## 04 可分散光的星光镜

**下面介绍在夜景拍摄中有代表性的星光镜。**

为了得到漂亮的光分散效果，除了尽量开大光圈外，适当的使用星光镜进行拍摄，可以得到画面里的光点或高光部产生非常棒的光芒四射的图像。但如果使用过度会产生扰乱视线的反效果。一般经常使用的是十字星光镜，光线向4个方向进行分散表现。根据光的分散程度，可以分为十字、米字等类型。拍摄生日蛋糕或圣诞树等时可以获得独特的效果。

哈库巴十字星光镜 6X

哈库巴十字星光镜 4X

使用十字星光镜拍摄的照片1（出处：300Dclub）

使用十字星光镜拍摄的照片2（出处：300Dclub）

## 05 兼作保护镜头的UV滤镜

**下面介绍在DSLR中不可没有的UV滤镜。**

这是DSLR中最常用的滤镜，主要作用是截断紫外线，保护镜头。保护镜头的目的有两个，第一，为了防止镜头表面被污染。滤镜相比镜头清洁要容易些，价格也比较低，有擦痕时可以及时换新的滤镜。第二，为了保护DSLR的影像传感器。对于人眼而言致命的紫外线对CCD或CMOS也会使其产生致命的伤害，因此，要使用能够截断紫外线的UV滤镜。

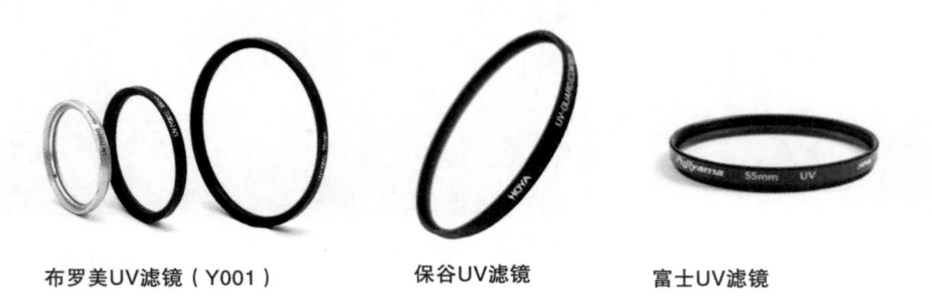


布罗美UV滤镜（Y001）　保谷UV滤镜　富士UV滤镜

参考 在装载UV滤镜的情况下，最好不要使用CPL滤镜。因为两个滤镜套在一起（特别是在广角段）使用时，会出现照片边缘变黑的发虚现象。

## 06 防紫外线的MCUV镜

**使可视光线通过、截住紫外线的MCUV镜。**

MCUV滤镜是在UV镜上进行多层镀膜而成。UV镜将10%光反射掉，只通过90%左右的光，这样会使快门速度降低，还会发生如前所说的光晕现象和眩光现象。对UV进行镀膜处理后，光线通过率提高到95%以上，这就是MCUV镜。有名的MCUV镜有肯高 MCUV，保谷HMC UV，B+W MRC UV滤镜，分别利用这些进行拍摄，可以看出它们的之间的差异。

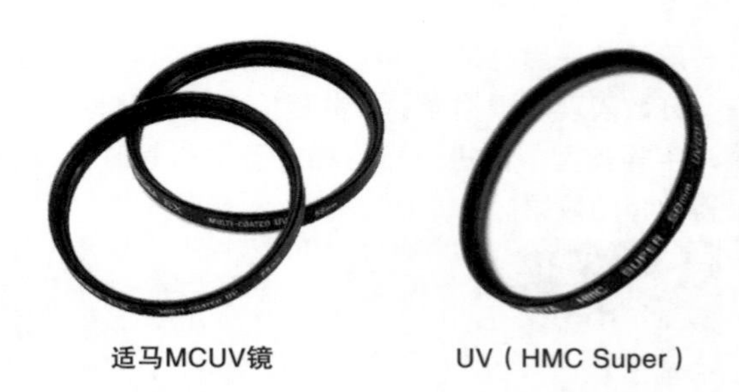

适马MCUV镜　UV（HMC Super）

B+W MRC UV滤镜
（出处：300Dclub）

HMC UC滤镜
（出处：300Dclub）

肯高MCUV 滤镜
（出处：300Dclub）

## 07 减少光量的ND滤镜（中灰镜）

**下面介绍ND滤镜（中灰镜），它用于减少流入的光量，降低快门速度。**

ND滤镜可以减少光量，在极快的快门速度下也不能正确曝光（因各种原因，不能缩小光圈而曝光过度时），亦可用于慢快门速度下使用低光量。根据遮挡光量多少的程度，以数字来进行区分，最常用的是ND4，数字越大则遮挡光的量越大。ND滤镜常用于拍摄太阳光下的瀑布或小溪的流动，如果使用慢速度来表现水流动，由于水对太阳光有反射很容易曝光过度，如果用快速度又会使水看起来像结冰一样，这时候就需要用到ND滤镜。ND滤镜也适用于拍摄日落或日出，想要获得适当的剪影效果，但太阳光太强会使DSLR曝光过度，这时候可以使用ND滤镜来减少光量从而获得突出剪影的照片。

保谷ND滤镜

哈库巴ND滤镜

使用ND滤镜拍摄的照片
（出处：300Dclub）

## 08 表现多种效果的其他滤镜

**除了前面介绍的滤镜外，还有其他多种用途的滤镜。**

### • 近摄镜

与其说是滤镜，不如说是一种转换镜片。像滤镜一样装在镜头前面，用于减少焦距进行特写拍摄。使用近摄镜时，热化度增高，数值以屈光度单位表现。数值越大，焦距越短。在DSLR中应使用专用微距镜头，但当需要拍摄大量特写照片而又无力购买镜头时可以灵活使用该滤镜。

近摄镜

Kenko近摄镜

使用近摄镜拍摄
（出处：300Dclub 向着太阳的公鸡）

## • 色温调整滤镜

色温调整滤镜主要用于调整光源色温或校正色彩偏差。例如，在钨丝灯照明下的照片，光源呈橙黄色，如果使用蓝色滤镜即可以表现出正确的色彩。但是因为DSLR可以进行多样的白平衡设置以及能够在Photoshop中进行后期补正，所以色温度调整滤镜的作用相对而言比较小。

TOPA Z Dark blue滤镜

TOPA Z Dark blue滤镜

唛天（马田）PO1滤镜

TOPA Z Orange滤镜

施耐得色温度滤镜

## • 多棱镜

多棱镜可以对画面进行分割制作出多重形象。可使用于制作出有别于一般的独特效果，画面分割的面可以分为三角、五角、六角、三面、六面等多种形态。

马田多棱（三角）滤镜

马田多棱（四角）滤镜

马田多棱（五角）滤镜

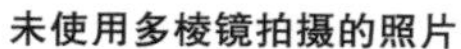

未使用多棱镜拍摄的照片　　使用三角多棱镜拍摄的照片

## • 中空镜

中空镜是指使被摄体中间清晰、边缘呈白色的滤镜。

中空镜

使用中空镜拍摄的照片

## • 天光镜

天光镜主要用于防止晴朗天空下的阴影部变蓝。当想要拍摄的被摄体处于阴影中时可以使用天光镜，但当红外线少时会没有太大效果，在阴天时色温高、蓝色多的情况下十分有用。

天光镜

# 其他DSLR摄影必备装备 03

除了主要装备以外，还有其他许多的附属装备。如保存照片的存储器以及能够把电池容量增至二倍的纵向手柄（电池盒），为了进行更有效率的拍摄，我们再来了解一下其他的必备装备。

## 01 拍摄时的手柄（电池盒）

**纵向手柄可以在DSLR中增加电池，使纵向拍摄轻易自如。**

在DSLR中装上纵向手柄后，即可同时使用两块电池，当然在进行纵向拍摄时，也带有可以进行操作的快门和信息传输插口。佳能的1D系列在DSLR机身中装有纵向手柄（电池盒），但大部分的DSLR还是要另外配上纵向手柄（电池盒）。装上纵向手柄（电池盒）后，首先可以使用双倍电池量，无论横拍还是竖拍都可以随意使用快门。但是因其重量较重，如果不使用皮带拉手很容易从手中滑落。纵向手柄也有可以在不同机型的DSLR中进行互换的类型，选购时注意选择合适自己的DSLR机种的类型即可。

佳能350D专用纵向手柄

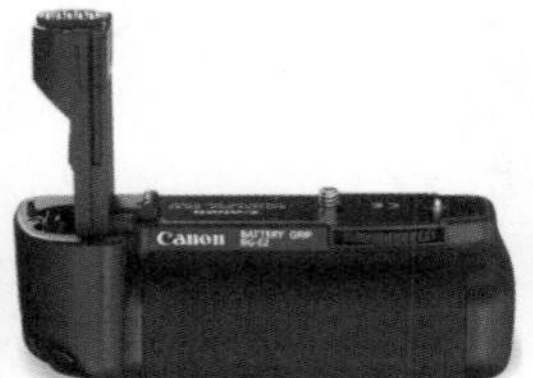

佳能20D专用纵向手柄

佳能20D装上纵向手柄后的样子

佳能5D装上纵向手柄后的样子

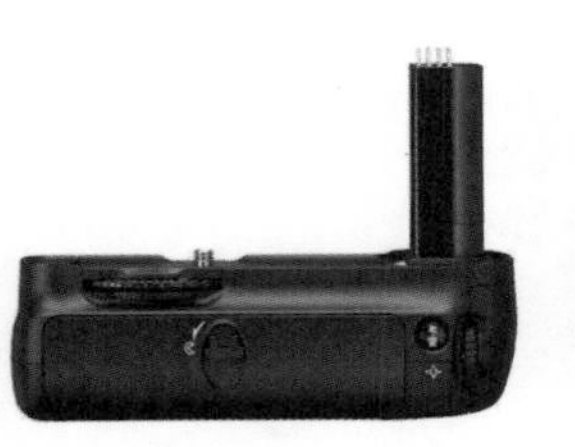

尼康D200专用手柄

尼康D200装上纵向手柄后的样子

## 02 DSLR的存储装备——存储卡

**军人在战场上冲锋时不带枪可不行，同样的，对于DSLR而言可以说是最重要的是其存储媒介——存储卡。**

在DSLR拍摄的照片保存在存储卡中。在刚开始选购DSLR时，许多入门者同样会为应该选购何种存储卡而头疼。大部分的DSLR都支持600万以上像素，当然越大容量的存储卡越好。另外，不同DSLR生产厂商所采用的储存媒介不尽相同，也有可以同时使用两种以上存储媒介的，选购时应多加注意。

存储卡stick

CF存储卡

Transfer存储卡

XD存储卡

SD存储卡

tip

### 外置型硬盘——数码伴侣

出外景地进行拍摄时，除了会发生电池没电无法拍摄的情况以外，还会出现储存空间不足无法进行拍摄的情况。特别以RAW格式进行保存时，一张照片的容量就非常之大，这就必要考虑到需要其他的存储空间。这时候最有用的就是外置型硬盘。

**可以装载存储卡的外置型硬盘**

## 03 DSLR摄影包

**说到DSLR装备的基本三剑客，则应该是DSLR三脚架和摄影包。下面来了解一下三剑客之一的摄影包。**

在选择DSLR时同时要购买的就是摄影包，根据其用途可以分为几类。第一类是携带轻便、可以无负担行走的单肩背型。携带很方便，在购买DSLR时基本上应该买一个。但缺点是不能装进太多的器材。

佳能摄影包

乐摄宝Reporter 100AW

乐摄宝Off Trail 2 Black

TAMRAC SYSTEM

第二类是可以装入许多装备像背囊一样的摄影包。一次性可以把许多重装备装入进行移动，但是在交换装备时比较麻烦，每次都要把背囊解下进行交换。

佳能No.9246

乐摄宝Trekker AW

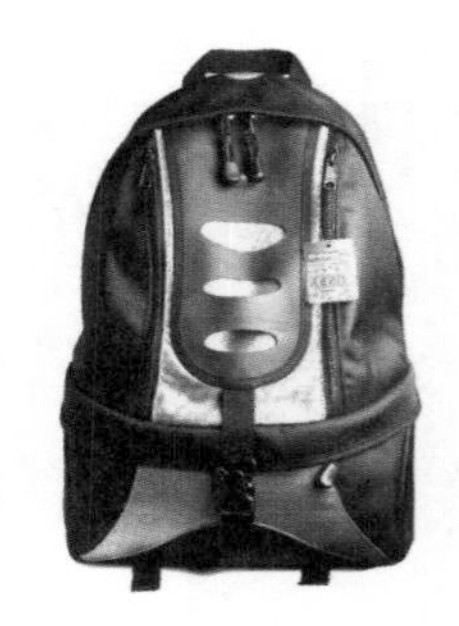

Mini乐摄宝Orion Trekker II

第三种是铝制箱。铝制箱可以承受外部的冲击使DSLR得到安全的保护。在长途旅行或把DSLR托运时为了进行安全保护而使用。

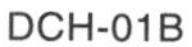

DCH-01B

提耐特TDC-06

哈库巴NX-20

D&J DB-A250铝制 1.2分体式

## 04 反光板

**为了获得完美的照片效果，可以使用反光板进行最大的光量利用。**

反光板是在室外摄影中制作辅助光源必须要到的物品。不仅在室外摄影中，在室内摄影中也常常用到。一般反光板都由银箔制作而成，大部分都携带方便。

使用反射板进行拍摄的样子
（出处：300Dclub）

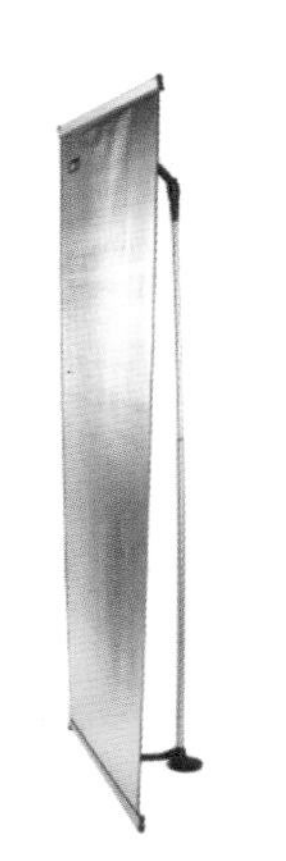

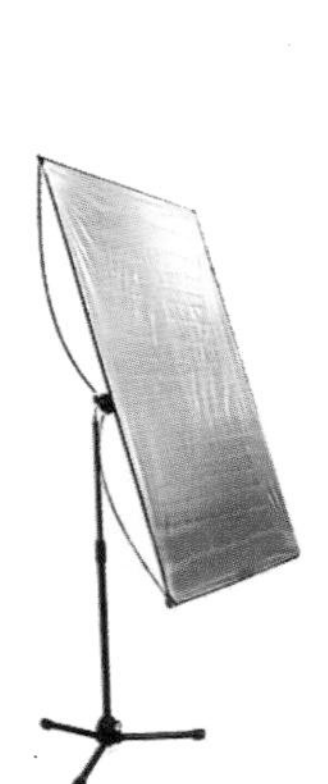

Part 02

# 世界尽在掌握中！DSLR主题摄影技巧！

# 拍出传情照片！DSLR基本拍摄技法

无论学什么，好像总会有一些成功秘诀。但是，“学海无涯勤为舟”，正如这句话所言，当你学完一样东西回头再看时，才会发觉努力才是最好的秘诀。要拍出好的照片其实也是如此。想要拍出完美的、能够传情的照片，只有勤练基本功，这一点应该没有人会提出异议。从本章开始，让我们努力学习，打下扎实的DLSR基本功。

# DSLR基本拍摄技法 01

大部分人都不会特意去学习DSLR的握姿和拍摄姿势。而是模仿别人的拍摄姿势或自己独自慢慢琢磨。虽然这些对于摄影来说并不是什么大的障碍，但掌握基本的摄影技巧和姿势有助于我们在实战中进行更好的发挥。下面介绍一些摄影方法，大家可以和自己已知的方法进行对比。

## 01 正确的DSLR持机方式

**DSLR的持机方式并不是件难事。但是熟悉多种不同情况下的持机方式，将有助于进行更有效率的拍摄。**

### • DSLR的持机方式

DSLR都是以使用右手为基准，目前为止还没有出现过以左手为基准的DSLR。以双手握DSLR时，左手托镜头，右手握机身并按快门。

以左手托镜头，在使用变焦镜头时可以进行调整焦距和对焦。右手握机身，用食指按快门，大拇指设置拍摄数据组合。

手握DSLR的方法

### • 横拍

横拍是最普通的拍摄方式横握方式。普通胶卷的横竖比率为3：2，常使用于拍摄大视角的风景和人物摄影中，可进行最稳定的构图。横拍时，应把下臂尽量靠近胸口，以更牢固地抓稳DSLR，必要时可保证以低一点的快门速度来拍摄，有利于构图。

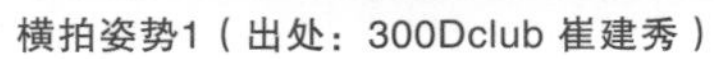
横拍姿势1（出处：300Dclub 崔建秀）

横拍姿势2（出处：300Dclub）

## ● 竖拍

竖拍多用于拍摄人物的全身照或纵向构图的被摄体。此时，因右手远离胸口，如果不用相对高一点的快门速度，则画面会出现抖动。

竖拍姿势1（出处：300Dclub）

竖拍姿势2（出处：300Dclub）

## ● 装上纵向手柄后

装上纵向手柄后，DSLR的整体体积会增大30%左右。体积增大后，如果没有固定手带，很容易从手中滑落，需要十分小心。装上纵向手柄之后，可以更为方便地进行纵向构图，使用手柄上的快门可以稳定的构图进行拍摄。

需要另外装载纵向手柄的DSLR

手柄

装上纵向手柄后的样子

装上纵向手柄进行拍摄的样子1（出处：300Dclub）

装上纵向手柄进行拍摄的样子2（出处：300Dclub）

## 装上望远镜头后

装上望远镜头后，DSLR会变得相当的重，仅用手握进行拍摄有一定困难。使用望远镜头时，以左手托在镜头的1/3支点处，托起机身和镜头。为了防止抖动需要相对快一点的快门速度，这样又会拍出曝光不足的照片，设定好的构图也容易因镜头重量而变乱。因此，在使用望远镜头时必须调快快门速度或者使用三脚架来保证构图和相机的稳定。

使用望远镜头拍摄的姿势1（出处：300Dclub）

使用望远镜头拍摄的姿势2（出处：300Dclub）

## 02 各种拍摄姿势

**最基本的摄影姿势是站立姿势。但是根据不同情况，也有坐拍或卧拍的拍摄姿势。另外，在这些姿势都排不上用场时，就应该因地制宜，就地取材、物尽其用了。**

### • 站姿拍摄

摄影时最常用的姿势就是站立拍摄。这种姿势具有机动性，可以随时变化多种角度进行拍摄。站立拍摄时，把两脚分开至肩距大小，左脚向前，右脚向右与左脚呈90°放置，这是最为稳定的姿势。另外，要使双臂尽量靠近胸口，确保DSLR角度的稳定。

站立拍摄的姿势1
（出处：300Dclub）

站立拍摄的姿势2（出处：300Dclub）

### • 坐姿拍摄

从低处向上取景时，或被摄体像小孩时，所采取的拍摄姿势。但是这种姿势机动性差，不容易变化取景角度。

蹲下拍摄的姿势（出处：300Dclub）

利用膝盖的姿势（出处：300Dclub）

## ● 卧姿拍摄

拍摄地面上的被摄体或以低视角进行拍摄时采取的姿势。另外，也使用于偷拍时。

在卧姿状态下用手肘支撑进行拍摄的姿势（出处：300Dclub）

卧姿状态下紧贴地面的拍摄姿势（出处：300Dclub）

## ● 因地制宜的方法

在想要稳定构图或确保必要的快门速度，或想要比较容易地固定DSLR的情况下，可以利用周围的环境条件进行拍摄。

1. 依靠树和墙壁的拍摄方法

在无法保证快一点的快门速度或拍摄姿势不稳定时，可以利用周围现成的依靠物。

依靠着树进行拍摄的姿势1
（出处：300Dclub）

依靠着树进行拍摄的姿势2
（出处：300Dclub）

2. 架设DSLR的拍摄方法

在没有三脚架的时候，可以借助来固定DSLR。

利用地形地物的拍摄方法（出处：300Dclub）

各种拍摄姿势（出处：300Dclub）

## 03 如何更换镜头

换镜头是摄影中必须要做的事项。但一不小心就容易让灰尘进入镜头内部，所以应多加注意。根据DSLR机型的不同，镜头的种类也不同，但是换镜头的方法却没有太大的区别。下面以佳能品牌镜头的交换方法为例进行介绍。

1. 佳能的数码专用镜头上都标示EF-S的机型名，以区别于一般的EF镜头。

左边EF-S镜头/右边EF镜头

2. 观察DSLR机身的镜头接点部位，一般都以红点来标示普通EF镜头的接点部位。

3. 把EF镜头的红点对准DSLR机身的红点，进行旋转装上镜头。

把镜头对准红色点

把镜头推入，按顺时针方向旋转，听到咔嚓的声响，则表明镜头装上了

装上镜头后的样子

4. 而EF-S镜头的接点部位都以白点进行标识，对准DSLR机身上的白色接点部位后，进行旋转装上镜头。

把镜头对准白色点

把镜头推入，按顺时针方向旋转，听到咔嚓的声响，则表明镜头装上了

装上镜头后的样子

5. 卸下镜头时，首先关闭DSLR电源，然后按下镜头分离按钮，则镜头就会从DSLR机身上脱离，向着装载时的反向进行旋转即可卸下镜头。

在按着镜头分离按钮的状态下，镜头以逆时针方向旋转

镜头到达接点时即与机身分离

tip

### 交换镜头时注意事项

交换镜头时千万要注意，绝对不能让任何异物进入DSLR机身里。尽可能地避开室外，在室内进行镜头交换。在室内交换时卸下镜头后应该换上别的镜头。如果无法避免要在室外换镜头，要尽量选择不刮风且周边环境干净的地方。交换镜头后一定要把机身盖盖上以保护里面。另外，在镜头中有和DSLR机身进行传输信息的电子触点，尽量不要在这个部位留下划痕。镜头和机身分离后，最好在镜头上也盖上镜头盖进行保护。

# 读懂DSLR相机的提示信息 02

像汽车的仪器表盘，把DSLR的各种信息集中在一处的部分就是液晶显示屏。必须了解液晶显示屏的信息才能够迅速获得想要的照片效果。另外，不仅要了解液晶显示屏，也要准确了解取景器的信息。一般而言，取景器上的信息都只是集中了液晶显示屏中的必要信息。下面介绍液晶显示屏和取景器中的各种信息。

## 01 不要忽视液晶显示屏上的拍摄信息

液晶显示屏是表示DSLR的基本信息的极其重要的部位。下面来看看DSLR的液晶显示屏中到底包含有何种信息，这些信息又分别代表什么意思。

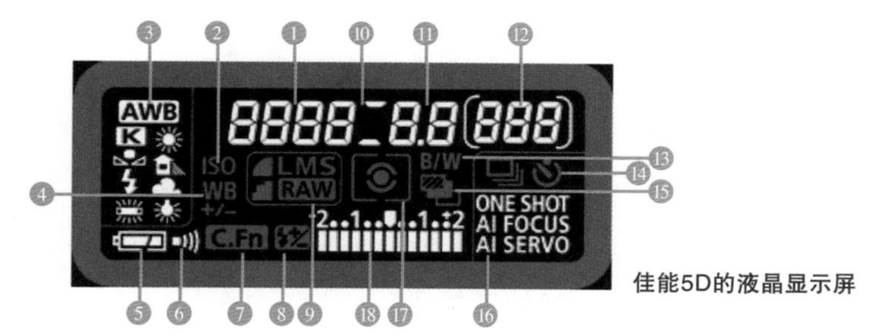


佳能5D的液晶显示屏

① 快门速度/运行中
② ISO 感光度
③ 白平衡
④ 白平衡设置
⑤ 电池
⑥ 警示音
⑦ 曝光量指示标尺/曝光补偿量/AEB范围/CF存储卡记录状态
⑧ 闪光灯曝光补偿
⑨ 图像记录文件类型
⑩ AF选择/CF存储卡已满，故障，消失警告/图像自动清除图像感应器灰尘
⑪ 光圈数值
⑫ 可拍摄张数/白平衡设定/自拍设定/曝光时间
⑬ 黑白拍摄
⑭ 驱动模式
⑮ AEB
⑯ AF模式
⑰ 测光模式
⑱ 自定义模式

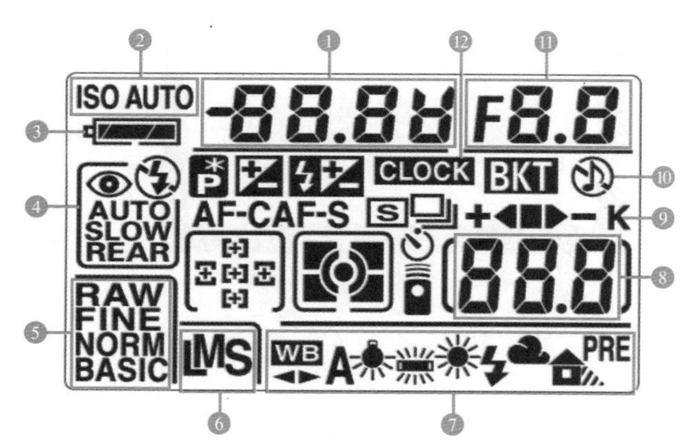

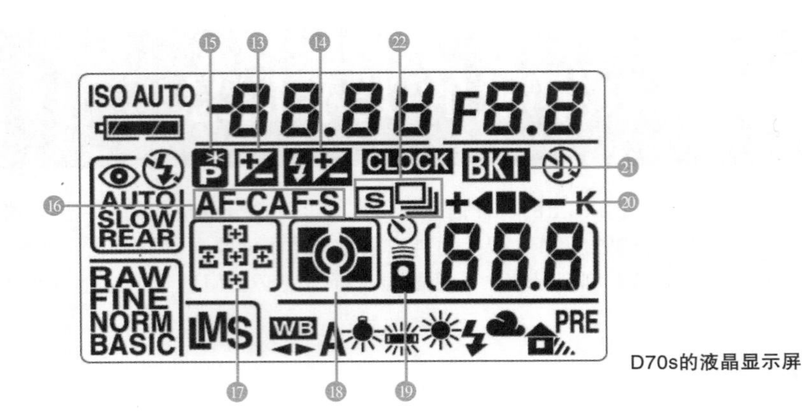


D70s的液晶显示屏

① 快门速度/曝光补偿值/白平衡微调设定/自动曝光补偿拍摄数
② ISO标示/ISO 自动控制设置标示
③ 电池
④ 模式
⑤ 图像格式与影像尺寸模式
⑥ 画像大小
⑦ 白平衡模式
⑧ 可拍摄张数/可连拍张数/白平衡选择模式/PC相机模式
⑨ 1000张以上辅助标示
⑩ 电子音标示
⑪ 光圈值/自动曝光补偿值/PC模式
⑫ Lock模式
⑬ 曝光补偿标示
⑭ 调光补偿模式
⑮ 程控变换标示
⑯ AF模式
⑰ 对焦区/AF区标示
⑱ 测光模式
⑲ 自拍/遥控模式
⑳ 自动曝光补偿条型标示
㉑ 自动曝光补偿标志
㉒ 拍摄运行模式

## 02 通过取景器了解拍摄信息

取景器信息是指在取景器中的信息窗口。在取景器内基本上会含有曝光和白平衡等拍摄的重要信息。拍摄者通过观察取景器的信息一边对曝光等作调整。下面来了解在取景器中都有什么样的信息。

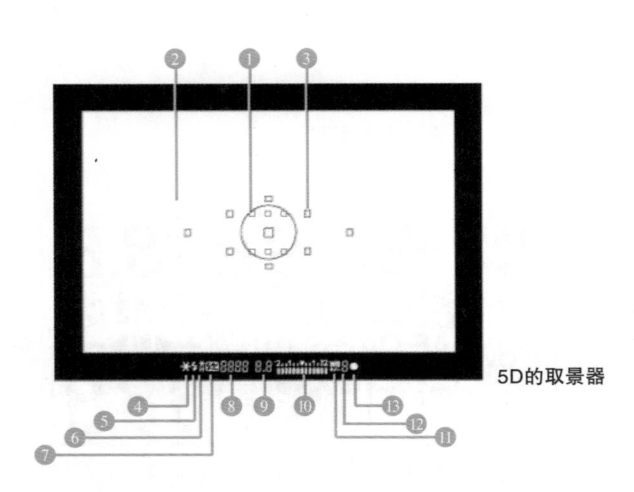

5D的取景器

① 点测光区
② 对焦屏
③ 自动对焦点
④ AE锁定/AEB运行中
⑤ 闪光灯准备中
⑥ 高速同步/FE锁定
⑦ 闪光灯曝光补偿
⑧ 快门速度/运行中
⑨ 光圈值
⑩ 曝光程度标示/曝光补偿量/闪光灯曝光补偿量/AEB范围
⑪ 白平衡调节
⑫ 最大拍摄张数
⑬ 焦点确认标志等

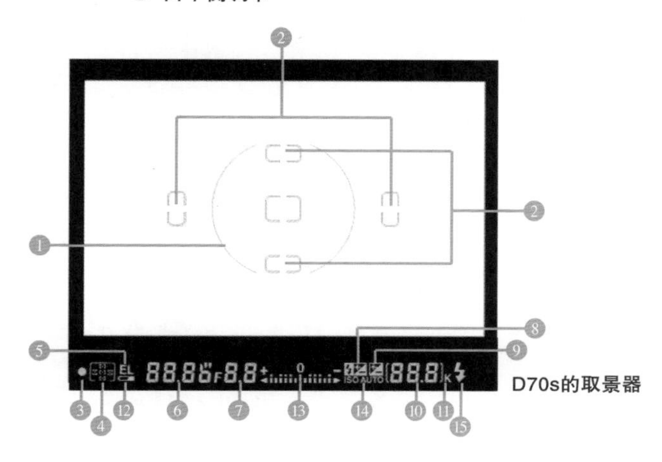

D70s的取景器

① 点测光区
② 对焦点测光区
③ 焦点标志
④ 焦点/AF锁定
⑤ AE锁定/FV锁定
⑥ 快门速度
⑦ 光圈数值
⑧ 调光补偿标示
⑨ 曝光补偿标示
⑩ 可连拍张数/白平衡选择模式/曝光补偿值/调光补偿值/PC模式
⑪ 1000张以上辅助标志
⑫ 电池电量确认
⑬ 曝光指示标示/曝光补偿指示标示
⑭ ISO自动控制设置
⑮ 闪光灯准备就绪

# 灵活使用DSLR！DSLR摄影必备知识

随着DSLR的日益普及，需要掌握的基本知识也就越来越多。在日常生活中不知道也无所谓的事情，但是在摄影中却成了必备知识。本章我们来学习使用DSLR时必须要掌握的内容。

# 色彩定义 01

人们每天生活在缤纷色彩中却往往过而不见，要准确表现照片效果，首先要了解色彩的基本原理。此外，还要理解产生色彩的光的原理及其属性。下面开始了解色彩的定义和光的原理。

## 01 光与色的定义

**了解光的人能够拍摄出更完美的照片。因此，需要了解光和色。下面开始对光和色进行详细的了解。**

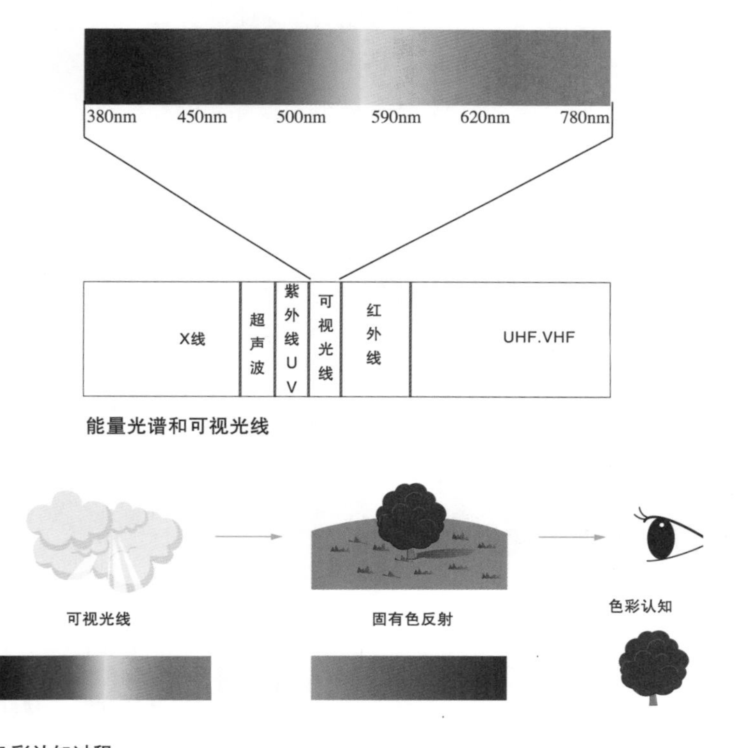


能量光谱和可视光线

色彩认知过程

人们通过光来认知事物的色彩。在光谱的范围中，人眼可以区分的范围被称之为可视光线。可视光线根据波长不同反射出不同的颜色。可视光线的波长范围大约为380nm~780nm。蓝色是370nm~450nm的短波长，黄色是450nm~500nm，草绿色是570nm~590nm，红色是620nm~780nm的长波长。各类物体都有自己固有的颜色，可视光线在物体上形成反射，使人能够看到颜色。太阳光是能够准确表现物体的颜色的光，各个不同颜色的波长释放出相似的强度，从而发出白光。而烛光，因为具有的长波长红色要比短波长蓝色多，因而显示为红色。即，人们之所以能够区分物体所具有的颜色，是根据从外部流入的光的波长强度和物体本身所固有的颜色的反射率所决定的。

## 02 色的三原色

**下面介绍构成色彩的最基本的原色——三原色。**

根据可视光线的波长强度的不同，物体所表现出来的颜色也不尽相同，反之，也可认为每个物体都具有自己固定的颜色。如果物体没有颜色，则无论可视光线在物体上进行何种投射，人们也无法认知物体的颜色。然而，世界上真的存在有那么多种颜色吗？人眼能够区分的颜色大约有200种。实际上这许多种的颜色来源于三种颜色。它们被称之为色的三原色。所谓原色，就是无论混合何种颜色也无法得到的色彩。我们在学校上美术课时应该学习过，三原色是红色（R）、黄色（Y）和蓝色（B）。但严格来讲，三原色应该是品红（M，Magenta），黄（Y，Yellow）和青（C，Cyan）。

自然中的多种色彩

多样的色彩

色的三原色

CMYK颜色

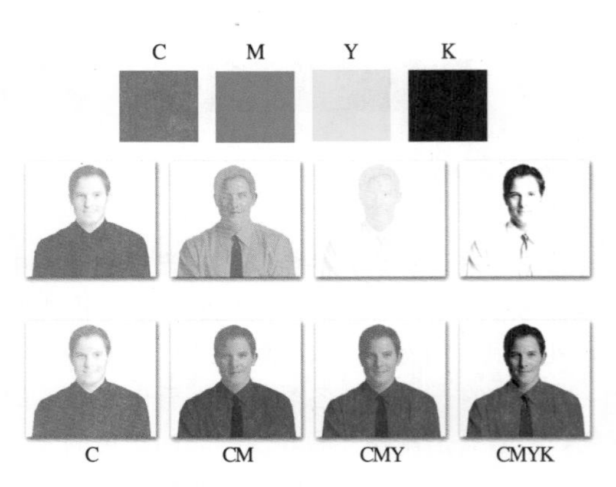


CMYK色彩的使用示例

## 03 光的三原色

**光也可以说是由三原色组成。了解一下光的三原色。**

前面说过，要看到物体的颜色，则必须有光的存在。和色彩的三原色一样，光也有固有的三原色，那就是红色（R）、绿（G）、蓝色（B）。彩虹的7种色彩，赤橙黄绿青蓝紫，就是由3种原色和4种混合色所构成。

光的三原色RGB

彩虹（出处：300Dclub）

## 04 加色混合与减色混合

**色彩是由三原色进行多种组合而成。组合方法可分为加色混合和减色混合两种方法。**

### ● 加色混合

加色混合也称为加法混色，是指通过光的混色来制作出其他的色彩。例如，把红色光源和绿色光源进行混合得到黄色光源，把绿色光源和蓝色光源进行混合得到青色光源。当红色+绿色+蓝色光源时，得到的是白色光源，这就相当于把所有的光集合在一起就变得亮起来。

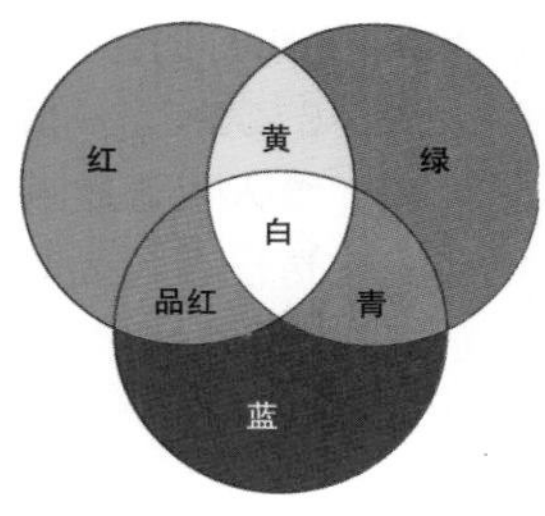


加色混合

### ● 减色混合

减色混合是指混合染料色彩。得到和加色混合相反的结果。把色的原色，品红（M），黄（Y）和青（C）混合在一起后得到黑色。把色彩混合后变黑了，所以称之为减色混合。

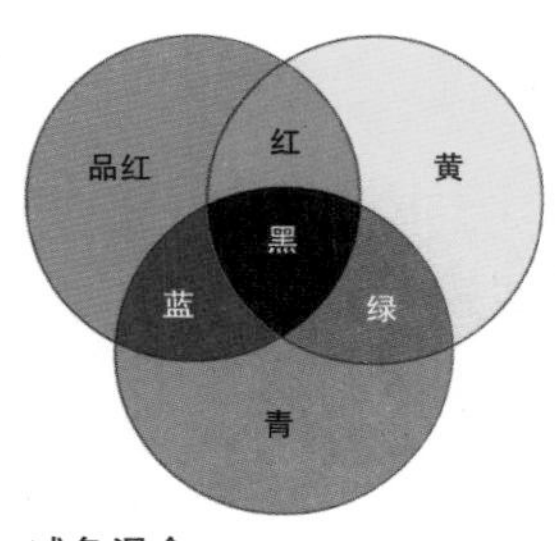


减色混合

tip

### 色的三原色是红、黄、蓝？还是品红、黄、青？

对于这个问题的答案根据其用途的不同而有所区别。如果要表现的色彩用途是彩色印刷、照片、电影摄影的话，则CMY是三原色。如果是染料用于绘画则是RYB为色的三原色。因此要进行硬性区分，则通常把RYB称为画家的三原色，把CMY称为商业用三原色。之所以这样区分三原色的原因在于，把画家的三原色（RYB）进行混色调出的颜色有限。因此，在红色颜料中加入蓝色而得到品红（Magenta），在蓝色中加入绿色得到青色（Cyan），而印刷用的黄（Yellow）比绘画用的更亮，把如此得来的CMY色再进行混合可以得到更多的其他颜色，因此CMY被国际上公认为色的三原色。但这其中也有一个问题，那就是CMY混色后无法得到高纯度的黑色，认识到这个缺陷之后，人们在三原色中追加黑色，成了CMYK四色。于是在印刷中把CMYK作为基本原色使用。

## 05 色温

**色温是摄影照明中最基本的特征之一。色温以kalvin scale“开文”数值来表现计算单位。摄影直接受色温的影响，因此理解色温非常重要。下面开始详细了解色温。**

假设有一种变温动物，这个变温动物全身都是黑色，把外部照射来的光全部吸收掉。当这个变温动物在体温低时，它放出红外线，随着温度的增高，就放出红色—〉橙色—〉黄色—〉白色—〉蓝色，这样随着温度的变化而变化的光的颜色称之为色温。白天太阳的色温大约为5500K，约200W白炽灯的色温大约是3000K，日光灯的色温大约为6500K。一般色温在3000K以下的光比较温和，给人以温暖感；色温在6000K以上的光明亮，营造出生气勃勃之感。如上所述，色温是表示光的色彩的数值。

太阳在白天发出白色的光（出处：300Dclub）

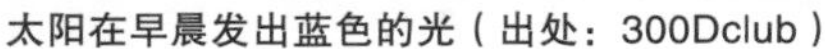

太阳在早晨发出蓝色的光（出处：300Dclub）

发出红色光的傍晚的太阳

色温表

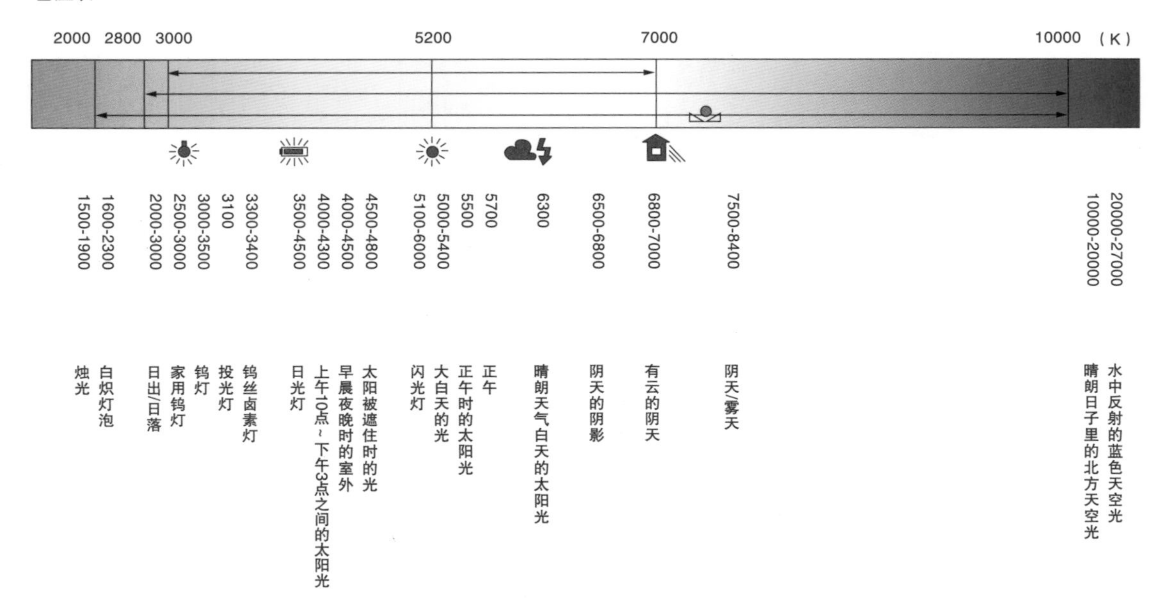


佳能10D的白平衡各色温指定范围

- AWB 3000~7000：在AWB模式下的色温度范围（自然光下的普通情况）
- K 2800~10000：在K模式下进行直接输入时的可输入色温范围（直接输入色温数值时）
- 2000~10000：在自定义白平衡模式中自动设置的色温度范围（拍摄白色被摄体后指定时）
- 约3200：钨丝灯系列照明
- 约4000：日光灯系列照明
- 约5200：晴朗天空室外
- 约6000：有云的天气下（和上面的温度表有差别/根据阴天的不同程度，没有阳光的阴天时则色温表所标识的6500~7500更为适当，如果阴天程度的差异范围很大，则推荐使用指南手册或设置为自定义白平衡模式）
- 约6000：适合于使用闪光灯时
- 约7000：在晴朗天气下的阴影处拍摄时

看色温表对了解色温有很大的帮助。光的色温与光的种类有关。光的色温的变化让人对物体固有的颜色产生错觉。色温越低光越偏红，色温越高光越蓝。只有适当的太阳光（5500K左右）时才能准确还原被摄体的色彩。

## 06 反射率

**人眼之所以能够区分物体的形态和色彩，是因为每个物体都有固定的反射率。如果没有反射率，则所有的物体看起来都会是黑色。反射率是和曝光测定息息相关的十分重要的内容。**

所谓反射率，是指对吸入的光线进行反射的光的比率。即，如果射向某个物体的光量值为100，反射值为50，则该物体的反射率为50%。光在和物体相碰撞后又会将该物体的固有颜色进行反射，反射回来的光被人眼所感知，则物体的颜色得以被认知。各种颜色对光的反射率不相同。灰色、草绿、蓝色、红色的反射率为18%，黑色的反射率为3%，白色的反射率为93%。通常我们称为启明星的金星，其反射率为59%，因此看起来非常亮，地球的反射率为29%。反射率在摄影中用于衡量曝光的基准。以灰卡的反射率18%为基准，来区分曝光过度和曝光不足。

| 黑 3% -2 档 | 灰 18% 平衡 | | | | 浅灰 36% +1 档 | |
|---|---|---|---|---|---|---|
| | 深蓝 9% -1 档 | 翠绿 12% -0.5 档 | 绿 18% 平衡 | 浅绿 24%+0.5 档 | 黄 36% +1 档 | 浅黄 48%+1.5 档 |
| | | | 蓝 18% 平衡 | | 天蓝 36% +1 档 | 浅蓝 48% +1.5 档 |
| | 紫 9% -1 档 | 棕 12% -0.5 档 | 红 18% 平衡 | 橙色 24% +0.5 档 | 粉 36% +1 档 | 淡粉 48% +1.5 档 |
| | | | | | 浅紫 36%+1 档 | |

**色反射率表**

看上表，RGB、灰色的反射率都是18%。这就是说以RGB、灰色来对照曝光，则为适当的曝光。如果以反射率高的白色对照曝光，则需要减少曝光量以达到合适曝光量。

## 07 数码色彩

**和胶卷时代不同，在数码影像时代中，大部分拍摄的照片都经过电脑进行确认、修整和鉴赏。使用和冲印相片时不同的数字色彩来表现图像时，需要对数码影像具有一定的基本概念。而这其中最基本的就是256色。下面来了解数码影像的基本概念。**

要了解这个概念，有必要首先谈谈电脑的基本原理。1位是计算机语言的最小单位，可以表现为0和1。即，除了这两个数字没有其他的表现方法。而从颜色上来说，就是只能表现黑和白两种颜色，其他无能为力。8个位组合成1个字节。

进一步进行简单的说明。

有一个1bit灯泡，除了开和关两种选择之外再无第三种。灯泡亮时表示为1，灯泡不亮时表现为0。即，可选择的情况的数量除了0和1两种之外，不存在其他的。

1位 = ☀

那么，想象有8个这样的灯泡。

1字节= ☀☀☀☀☀☀☀☀

好！有了8个灯泡以后，可选择情况的数有多少种呢?

$2\times2\times2\times2\times2\times2\times2\times2=256$，即，可选择情况的数为256。

这就是我们所说的256色。256色表示屏幕画面的整体图像只能以256个颜色进行表现。可用于表现的颜色极为有限，画面效果并不是太好。选择256色后，图像如下图所示。

256色所表现的照片

如上可知，256色在色彩表现尚还存在着许多的问题，但随着计算机技术的快速发展，表现具有现实感的颜色已经变为现实。

把RGB颜色中的每个颜色全部合并起来表现256个色彩的话，则RGB每一个颜色都能够分别以256个阶段来进行表现颜色。

R：0~255
G：0~255
B：0~255
$2^8\times2^8\times2^8=2^{24}=16\ 777\ 216$

24位所表现的照片

即，在显示屏上可以表现出大约为1700万种的颜色。因此，24位色也常被称作真彩色（ture color）。

大部分DSLR拍摄的照片都被保存为JPG格式，这就是24位图像。另外，RAW格式根据DSLR机型的不同可以表现30位，甚至42位图像。虽然肉眼无法区分辨出两种图像的差别，但是因为其构成图像的bit数不同，RAW格式保留有更大的图像数据，因而在后期补正时RAW格式要更为有利。

简而言之，24位色就是RGB数值分别以0，1，2，3……253，254，255，256的整数所进行的表现形式。这个数值在经过后期修改之后要比256个的数值少，因而图像的质量也相应变低。而RAW格式因为不是以8位，而是10位或14位进行保存，则其结果应该要比256个数值还稍多几个。因此，RAW格式的容量增大后对后期修改也是有利的。

tip

## 网络安全色彩

在Web浏览器中，以限定的颜色为基准，使用共同的颜色。因为并不是所有用户的计算机配置都相同，因此必须有个共同的标准。这就是网络安全色彩。网络安全色彩的表现方式也以RGB颜色为基础而定，Web浏览器的基础画面或文本等，只在网络安全色彩的范围内进行表现。

在Web浏览器中，以16帧数来表现可认知的颜色。16帧数为“0，1，2，3，4，5，6，7，8，9，A，B，C，D，E”。黑色为000000，红色为FF0000，蓝色为0000FF，白色为FFFFFF，如此类推在Web中进行表现。

为了在Web中表示这个16帧数，在其前面附加上“#”来表现该颜色。虽然这里颜色的表现只有6位数，但是一个颜色却是以2位数来进行表现。

000000=黑色

在这里，前面的16位真数00在正数中表示0。

另外

FF0000=红色

在此，FF表示正数中的255。

因此，网络安全色彩可以表现“$6^3$=216”个颜色。

在Photoshop中，通过[color picker]对话框可以进行选择色彩。RGB数值全部设置为“255”时则选择的色彩为白色。在Web color中表现为“#FFFFFF”。

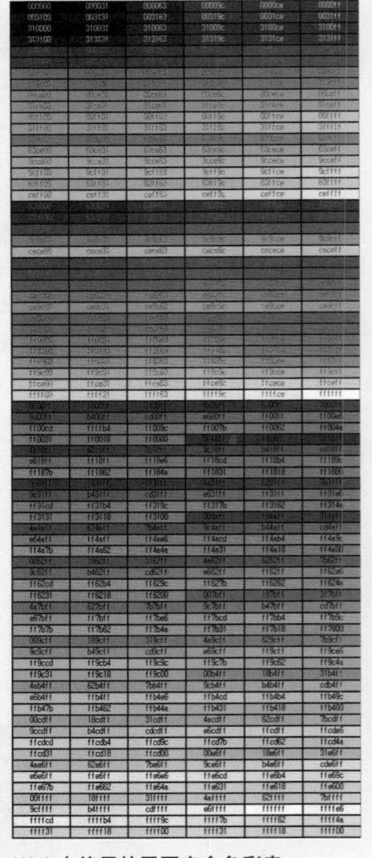

Web中使用的网页安全色彩表

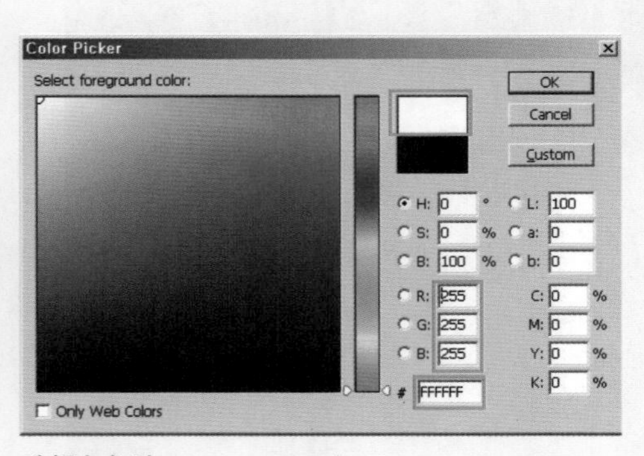


选择白色时

当选择红色时，RGB数值设置为“255，0，0”，网络颜色设置为“#FF0000”。

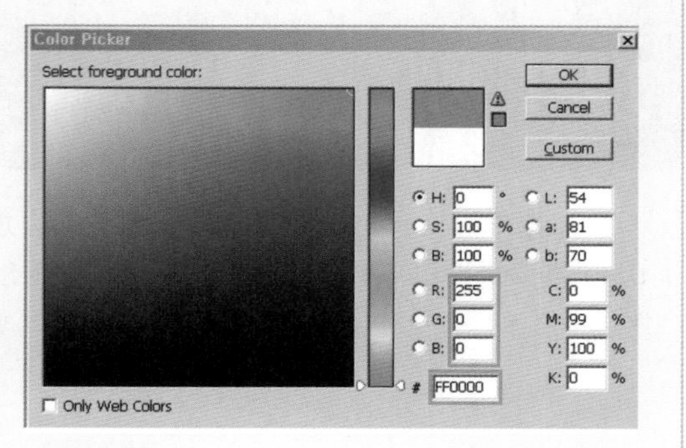


选择红色时

当选择蓝色时，RGB数值设置为“0，0，255”，网络颜色设置为“#0000FF”。

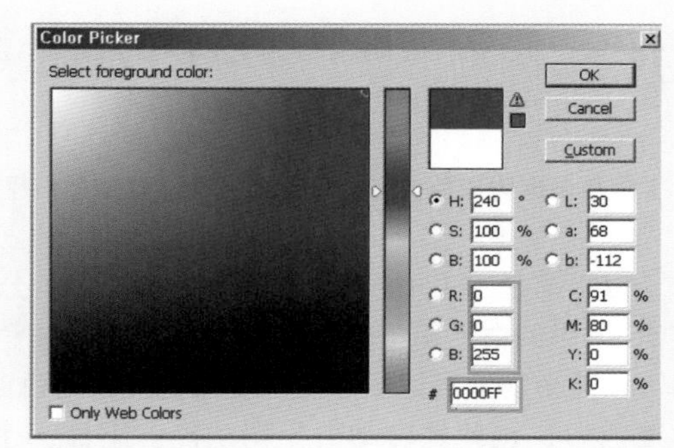


选择蓝色时

选择[color picker]对话框下面的[only web colors]时，即可知颜色的表现范围马上变小了。

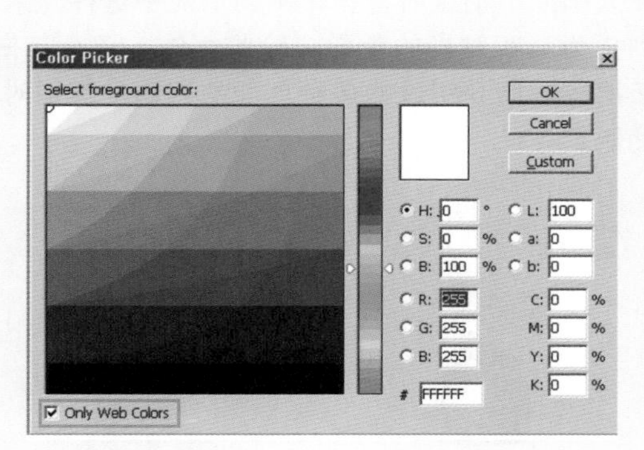


只选择网络色彩时

# 白平衡 02

照片拍得好，也可以说是被摄体的色彩表现得好。人眼可以很好地区分不同情况下的物体颜色，而DSLR需要借助白平衡功能来表现色彩。下面介绍白平衡的概念和其使用方法。

## 01 用以准确表现色彩的白平衡

**白色表现为白色，红色表现为红色，这就是白平衡的功能。**

白平衡是DSLR中用以准确表现色彩的十分重要的功能。观察DSLR中的白平衡符号，第一个是AWB，是“自动白平衡”的缩写，这个功能可以根据随时变动的照明的色温使DSLR自动地对准色彩，也就是自动白平衡功能。下面一个是太阳光符号，在太阳光下拍摄时，在白平衡功能中选择“太阳”后，可以得到更为真实鲜艳的色彩。除此之外，还有与白炽灯、日光灯、云层等前面介绍过的多种色温的照明种类相对应的各项白平衡功能。

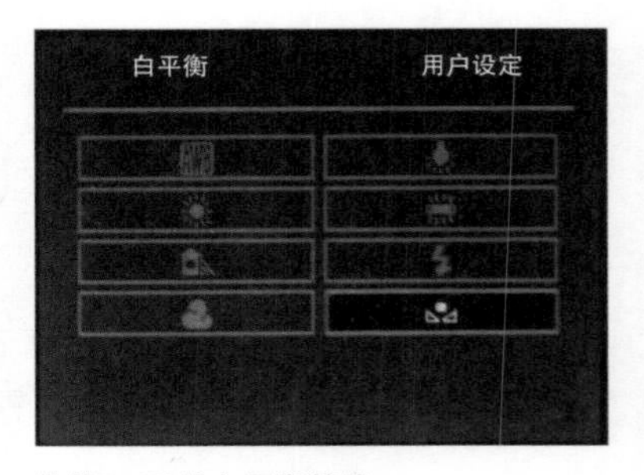


佳能350D的白平衡符号

以上照片是在闪光灯照明下使用灰卡并设置为自定义白平衡功能后，分别以各白平衡模式所拍摄。在自定义模式中，形成白平衡排列，完美的表现出被摄体的色彩。各个模式所表现的色彩不一样，这是因为在DSLR自身中已经对色温所对应的RGB感应器进行了排列。例如，在阴影中反射的太阳光色温高，色温高意味着蓝色多，如果不进行调节，照片将会偏青。因此在DSLR中会输入阴影偏青的指令，而自定义设置为蓝色不足的白平衡条件下进行拍摄。白炽灯的情况与此相同，应以蓝色进行拍摄。虽然利用闪光灯的外部照明其RGB数值具有一定的误差，但在钨灯条件下，DSLR已经在RGB感应器排列中把钨灯发散的相当部分的红色去除掉了，因此拍摄效果会比较的偏绿和偏青。

## 02 自定义白平衡使用方法

**下面来了解用户应该如何使用自定义白平衡功能进行准确的色彩设置。**

准确的色彩表现是所有拍摄者的梦想。但是，使用自动白平衡功能和太阳光等半自动功能却很难进行准确的色彩表现。即使设置为自动白平衡功能进行拍摄，让DSLR自动进行色彩设置，但对于特定的色彩，例如，在红色光强烈的地方，也只能按照该光的信息进行读取。

此外，在白炽灯下进行拍摄时，想要拍摄的白炽灯的RGB数值和DSLR中保存的RGB数值并不一致。DSLR中保存的RGB数值，只是世界上所有白炽灯的RGB数值的平均值。结论就是，自动白平衡功能和半自动功能在多变的色温环境下对色彩进行完美表现是有限制的。

因此，就必须要用到自定义白平衡功能。花朵纹样的符号代表的是自定义白平衡功能。这是拍摄准确色彩照片时必须用到的功能。下面来看看如何使用自定义白平衡功能。

自定义白平衡功能符号

### ● 摄影方法

需要灰卡和DSLR。下面以佳能350D为例进行说明。在设置白平衡之前，首先来了解一下灰卡是如何进行拍摄的。

排置好照明，在照明集中的、想要拍摄商品的位置上放上灰卡以代替商品。目前照明和DSLR之间没有交换任何信息，因此DSLR无法表现灰卡的色彩。

灰卡和照明排置

tip

### 灰卡

使用自定义白平衡功能时，必须使用代表照片品质的灰卡。灰卡的特征是RGB数值全部统一为128，反射率并平均反射率为18%，在确认色相和亮度的程度，即在确认曝光时很有用的特殊制作而成的卡。灰卡可以在数码相机专售店或“宝霞西（PS）”等网上专门照明器材公司处购买。

## • 白平衡设置

首先在DSLR取景器中把灰卡取满屏进行拍摄。拍摄后，在佳能350D中按照[菜单]-[用户设置]-[自定义白平衡]-[SET]-[SET]-[菜单]的顺序逐个按下按钮。再次对灰卡进行拍摄，即可表现出被摄体的准确色彩。

选择自定义白平衡功能，在自定义功能下移动，会出现[SET]的命令语。在此之前应该在取景器中对灰卡取满屏。使用变焦功能或使相机更接近灰卡，在画面中灰卡处于满屏的状态下按下[SET]，则在放出照明的同时设置了新的白平衡数值。

## • 白平衡确认

可以在Photoshop中确认色相和亮度是否表现正确。在工具箱中使用吸管工具单击灰卡，出现以下RGB数值，可知蓝色数值偏高。灰卡原来的数值全部为128，在设置不当时，拍摄的灰卡的RGB数值就无法完全统一。

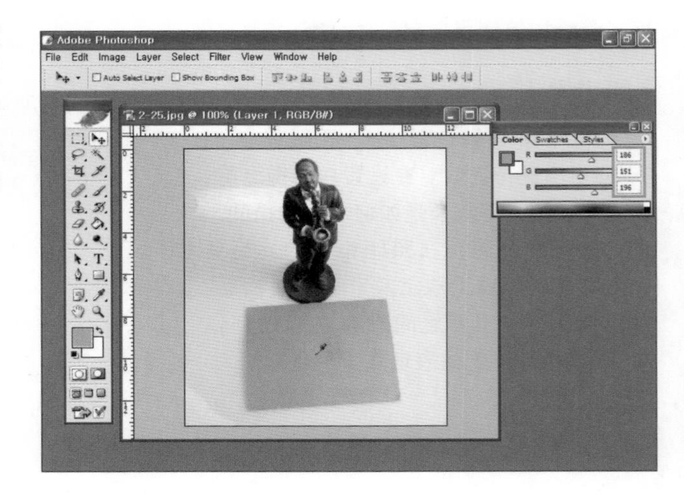


现在确认设置白平衡下所拍的照片。再使用吸管工具点击灰卡，可知RGB数值全都一致。

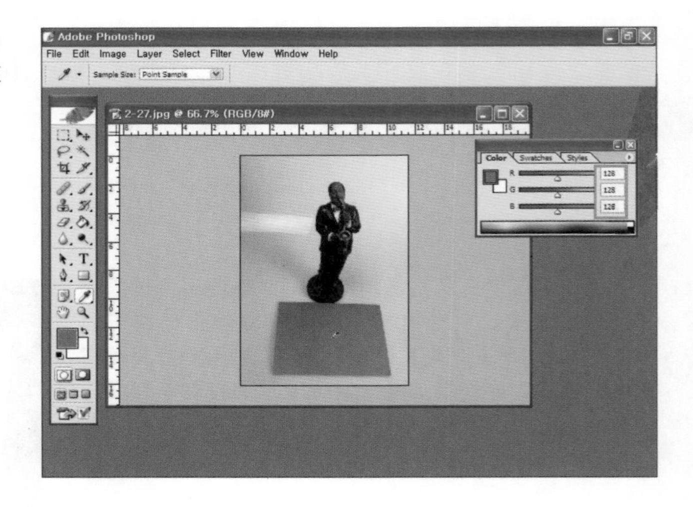

# 自定义白平衡设置

大部分的DSLR都适用于室内影棚摄影，可以进行很好的自定义白平衡功能操作。下面以佳能350D和尼康D70s为例，了解在闪光灯照明下的自定义白平衡功能的使用方法。首先在使用自定义白平衡功能时需要确认下列事项。

自定义白平衡设置时的注意事项

1. 确认照明位置是否固定以及光量是否稳定。
2. 使用正品的灰卡。
3. 使用闪光灯时，确认同步系统是否运行良好。
4. 灰卡放置在照明最集中的地方。
5. 因为是室内摄影，准备标准变焦镜头或广角镜头（350D的50mm标准单镜头会出现焦距变长的现象，不适合在狭窄的室内空间使用）。

## • 佳能350D的自定义白平衡设置方法

1. 首先把镜头的对焦模式转换成手动调焦。因为灰卡是以统一的色相进行排列，在自动对焦模式下很难对准焦点，在设置白平衡时焦点是否准确，关系不大。在取景器对灰卡取满屏后取得白平衡值。

2. 按顺序按下[菜单]-[用户设置]-[自定义白平衡]-[SET]-[SET]-[菜单]，进行白平衡设置。

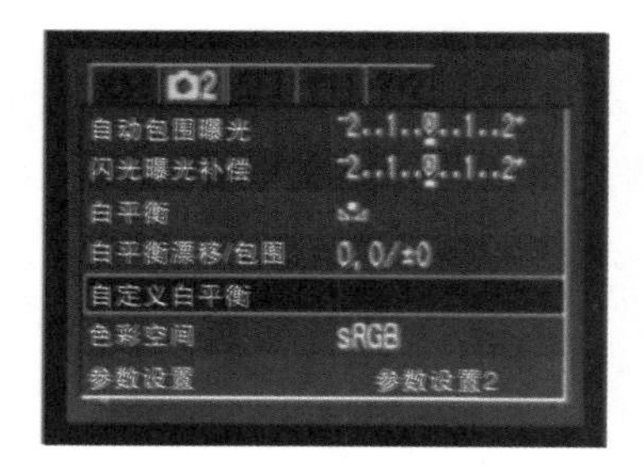

## • 尼康D70的自定义白平衡设置方法

1. 按住[WB]按钮大约3秒钟的时间。

2. 可以在液晶显示屏中确认“preset”在闪烁。

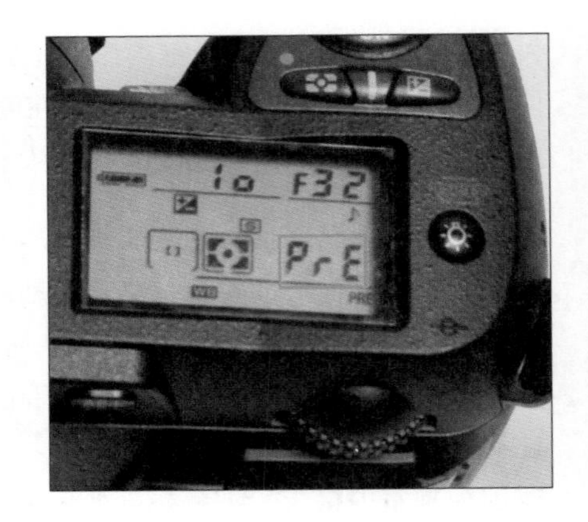


3. 此时在取景器中对灰卡取满屏后进行拍摄。

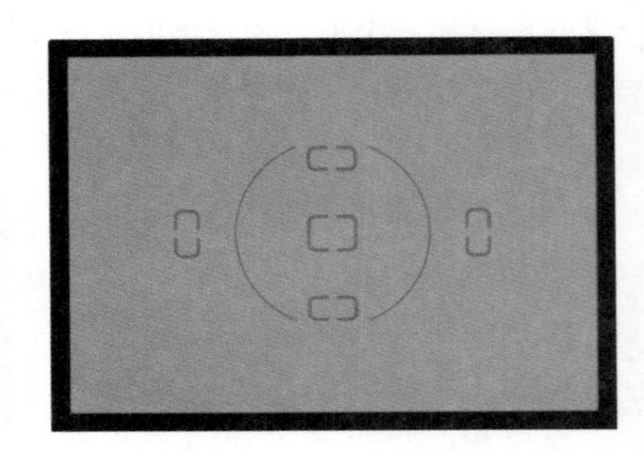

4. 白平衡设置正确时，将会出现“GOOD”的信息在闪烁。

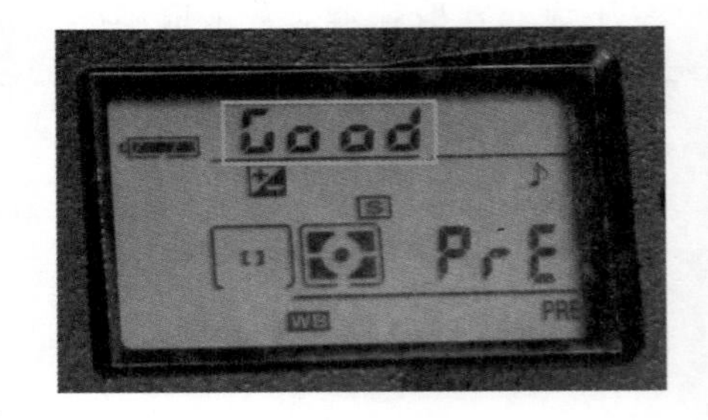

# 焦点与焦距 03

要拍摄出清晰的照片，首先需要了解的是焦点。另外，视角是让被摄体以各种姿态进行表现的摄影的主要因素。下一步要了解的DSLR基础知识就是焦点和视角的运用方法。下面介绍焦点和视角的概念和运用方法。

## 01 什么是焦点和焦距

**下面来了解获得光彩夺目照片的必备条件——焦点和焦距。**

经过镜头射入的光线集中在某处后再次发射出去。这时，在镜头中会生成两个光的聚集点，称之为1主点和2主点。可以把2主点认为是镜头的中心点。

在DSLR中，2主点和影像传感器之间的距离，被定义为焦距。那么，所谓焦点是什么呢？这是计算DSLR要拍摄的被摄体的准确距离的地方。对准焦点的地方也被称为临界面，临界面是照片中所能看到的清晰部分。

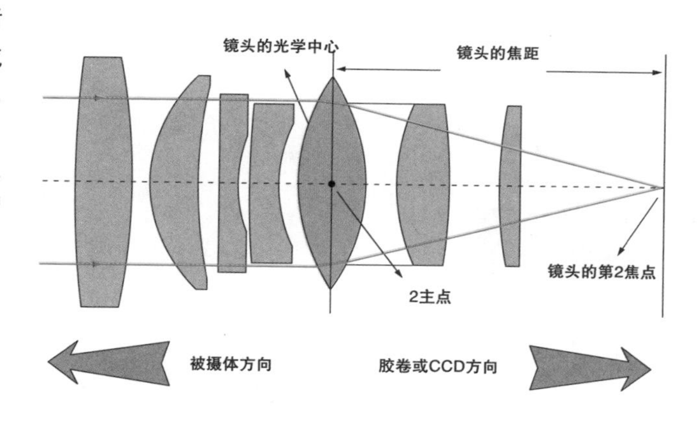


## 02 手动对焦？自动对焦？焦距

**对于焦点，DSLR中有自动对焦和手动对焦两种方式。下面来了解和焦点相关的各种用语。**

### • 自动对焦

所谓自动对焦，是指DSLR自动计算与被摄体之间距离的功能。在自动对焦方法中，有能动性系统和手动性系统之分。所谓能动性系统，是指对被摄体发出一定的信号，对反射的数据和不反射的数据进行区分后对焦的方式。拍摄时要半按下快门，这时发出超声波进行获取焦点。这时能动性系统中使用声波探测的方式，也有使用红外线的红外线电波系统。

手动性系统则不是指发送声波或电波的形式，而是使用探测物体的对比认知系统以及目前最常用的位相检测系统。对比认知系统是指利用从两个光粒子中所获得信息，当两个被摄体像重叠时，为了找出焦点，而移动镜头的方式。位相检测方式是指利用两个光粒子来测定被摄体的光量，相同光量所到达的地方就是准确地焦点。

### 1. 多区域自动对焦

在所有的DSLR中，都有少则5个、多则36个的自动对焦区域。同时使用这许多的焦点区域，称之为多区域自动对焦。多区域自动对焦虽然可以容易对准焦点，但有时候也会出现对焦错误的情况。

### 2. 单区对焦

只使用多个焦点位置的其中一个，称为单区对焦。使用单区对焦时，对同一色相的被摄体的焦点不容易对准。这时，应该对准与被摄体距离最近的地方的明暗度或者把焦距对准色相不同的地方后，再进行水平移动后拍摄。

tip

### 自动对焦的方法，半按快门

在DSLR中使用自动对焦时要确认焦点距离后再进行拍摄，半按快门即为此而设计。不要完全按下快门，而是按下一半，让DSLR对准被摄体的焦点，然后不要挪开手指，继续按下快门则可以得到对焦准确地照片。

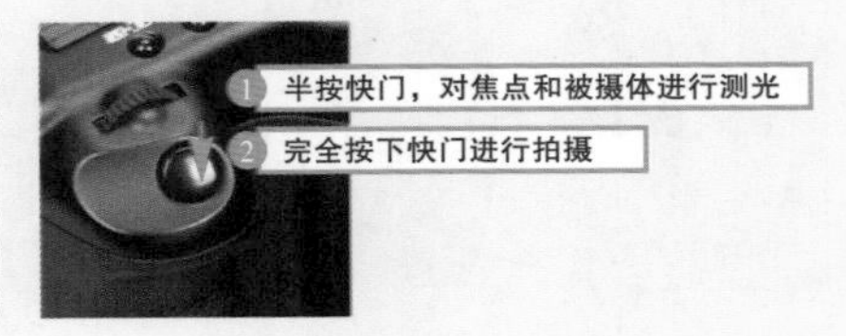


## ● 自动对焦时的注意点

前面学习过自动对焦就是测定被摄体的距离和反射率。在自动对焦时，DSLR会自动计算焦点处的明暗和色相。但如果焦点处的色相和比率一致时，则DSLR将无法计算焦距。大家可能也会有这样的经验，在拍摄没有云的蓝天或具有同一色相的被摄体时，无法对准焦点。这时只要移动焦距进行拍摄即可。另外，把自己想要拍摄的被摄体从正中间挪开至其他地方拍摄时，也需要移动焦距。在离自己想要对焦的最近的地方按下一半快门进行对焦后，再移动至目标地点进行拍摄。这时需要注意的是，在对焦状态下，只能进行水平或垂直移动，如果把DSLR的位置向前或向后移动、改变距离的话，就会产生对焦错误。

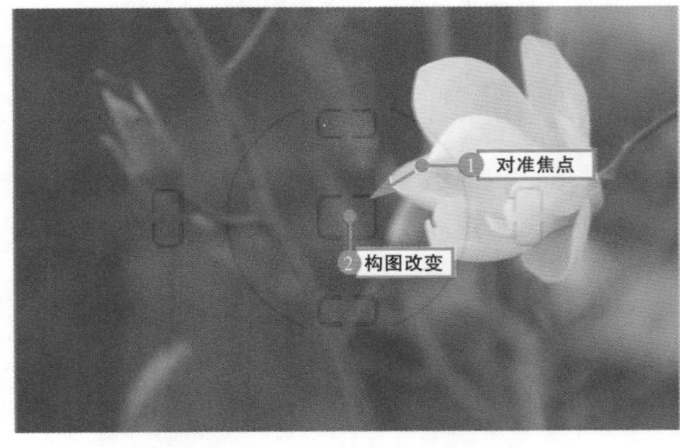


在想要的地方进行对焦后再改变构图进行拍摄

移动焦点后拍摄的效果

## • 拍摄距离计算法

为了拍摄适当的被摄体，需要具备多种要素，这其中，对拍摄者和被摄体之间距离的计算也是十分重要的部分。这种距离的计算取决于使用镜头的焦点长度和被摄体大小等多种因素，下面介绍如何使用自己的DSLR和镜头进行实际距离的计算。

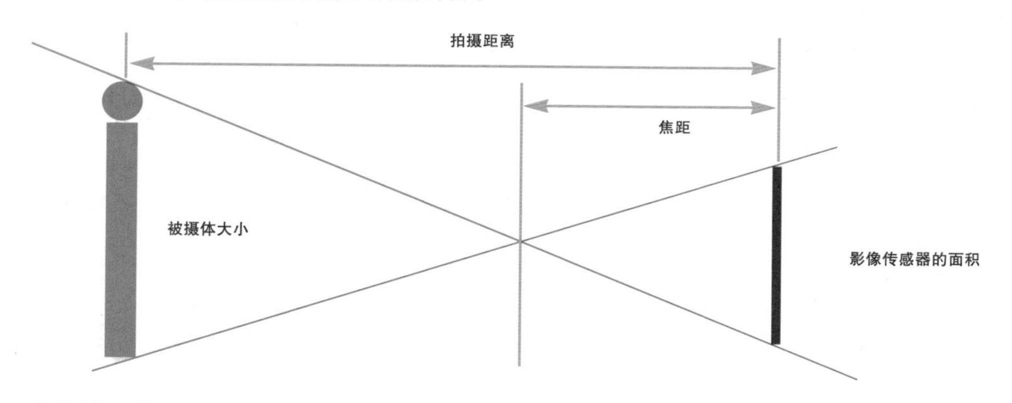


决定拍摄距离的各种因素1

要计算拍摄距离，首先要知道被摄体的大小以及影像传感器的大小。这两者之比对距离也有影响，影像传感器和镜头的光学中心间的距离是焦距，影像传感器和被摄体间的距离是拍摄距离。

1. 被摄体的高度
2. 影像传感器的高度
3. 焦距
4. 和被摄体的距离（拍摄距离）

以上4个要素各自都有比率方程式，下面利用这些方程式来实际计算拍摄距离。

1阶段

首先以35mm胶片面积为基准进行计算。胶片面积的长和宽为36mm×24mm，是由标准的3：2比例构成。我们用它来代替以上4要素中的第二种影像传感器，则有了胶片面积的大小。

1. 被摄体的高度，未知
2. 影像传感器的高度24mm
3. 焦距，未知
4. 和被摄体的距离，未知

2阶段

假设使用50mm的定焦镜头。

1. 被摄体的高度，未知
2. 影像传感器的高度24mm
3. 焦距50mm
4. 和被摄体的距离，未知

3阶段

假设要拍摄的被摄体为5m高的树。

1. 被摄体的高度为5000mm（5m）
2. 影像传感器的高度24mm

3. 焦距50mm
4. 被摄体的距离，未知

4阶段
确定三项数值后，这时可以计算和被摄体之间的距离。这是4个主要要素间的固定公式：
被摄体高度：影像传感器高度= 拍摄距离：焦点距离
5000：24=X：50
X的数值为10416mm，即大约10m。

整理一番后可知，以50mm镜头拍摄5m高的被摄体，其距离应保持在10m，才能保证被摄体全部拍摄下来。

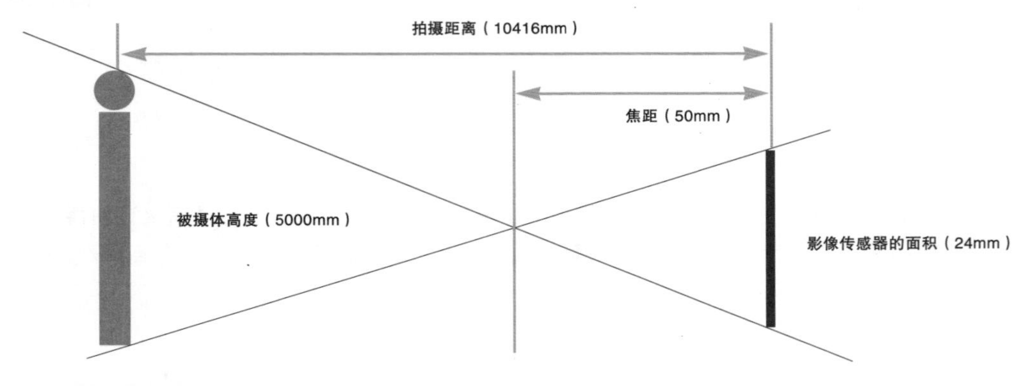


决定拍摄距离的各种因素2

tip

## 试试把摄影距离的计算方法应用在非全画幅机身中吧

下面试一下在比胶片面积小的非全画幅机身中计算拍摄距离。只要在公式中输入不同的数值即可，非常简单。以影像传感器大小为22.7mm×15.1mm的佳能300D为例进行说明。非全画幅机身的视角比较窄，即使不计算也能猜出其距离要比10m长。

5000：24=X：50
在这个公式中以15.1代替24

5000：15.1=X：50
X=约16m

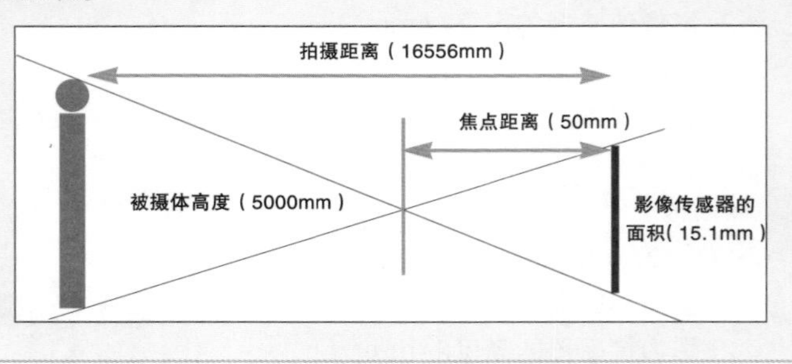

Section

# 光圈与快门 04

摄影最重要的就是色彩的表现和正确的曝光。色彩表现由白平衡进行控制，而曝光则需通过几个因素进行调整，最为基本的曝光控制装置就是光圈和快门。在DSLR中，如果不了解光圈和快门功能，那就更说不上发挥其他的拍摄技术了。下面来了解光圈和快门的原理及使用方法。

## 01 控制通光量的光圈

**光圈和人眼瞳孔一样可以调节光的流量。下面开始了解相当于人瞳孔作用的光圈。**

### ● 光圈

光圈是镜头上控制光线的装置。光圈是由位于镜头内的金属叶片组成，在叶片的中心形成一个光孔，这个光孔就是光圈。光圈孔开的越大则进入的光量越大，光圈孔大开得越小则光亮越少。光圈打开多少的程度以“f”数值来表现。如下各图，光圈系数越小，光圈开放的越大，光圈系数越大，则光圈开放的越小。

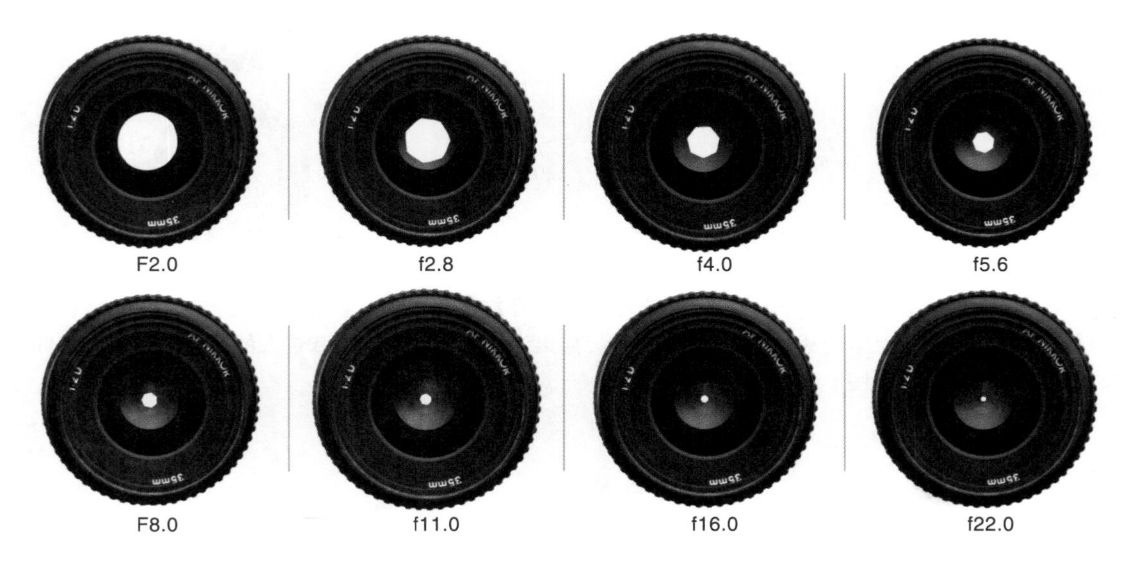

F2.0　f2.8　f4.0　f5.6

F8.0　f11.0　f16.0　f22.0

DSLR入门者经常会弄错的部分之一就是光圈系数。这是因为，光圈系数，即f数值和光量成反比的缘故。如果光圈系数为f2.0，它所表示的含义是，开控制光流量的镜头口径的1/2；如果是f8.0，则表示的是开镜头口径的1/8，此时的光量当然是减少了。

### ● 光圈系数和光量的变化

光圈系数和焦距的关系，如下公式所示。

镜头的焦距=光圈系数×光圈口径

例如

50mm=f2.0×25mm

即

f2.0=50mm/25mm

## ● 光圈系数和光量的变化

光圈系数和焦距直接关系，如下公式所示。

镜头的焦距=光圈系数×光圈口径

例如

50mm=f2.0×25mm

即

f2.0=50mm/25mm

在这里可以发现这个有趣的现象：如果焦距不同，即使光圈系数相同，则光圈口径也会不同。

| 光圈系数 | 焦点距离（红色圆圈） | 光圈口径（白色圆圈） | 实际镜头开放程度 |
| --- | --- | --- | --- |
| f2.0 | 50mm | 25mm | |
| f2.0 | 100mm | 50mm | |
| f2.0 | 200mm | 100mm | |
| f2.0 | 300mm | 150mm | |

咋看之下，即使光圈系数相同，随着光圈口径的开放程度的变化，镜头口径越大，光的流量想当然也就应该更多。但结论却是，所有的DSLR，如果光圈系数相同，则其进入的光量必定完全相同。原因在于焦距。请看下图。

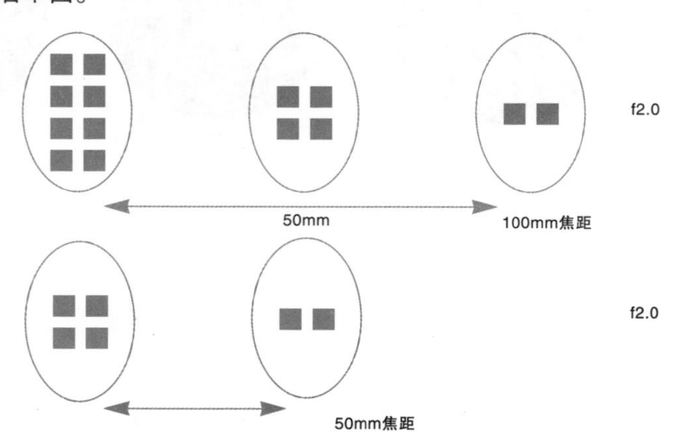


焦距和随着光圈系数改变的量（蓝色点表示光的量）

根据光圈的开放程度不同，进入镜头的光量有所差异，但是，焦距越长则光量和距离成反比而减少。100mm镜头中进入的光量是8，在50mm段减少为1/2，即4，在100mm点处减少为1/4，即2。50mm镜头中进入的光量是4，在50mm点处减少为1/2，即2。因此，在相同光圈系数的DSLR中所接受的光量是相同的。

## • 镜头中的光圈系数信息读取

看镜头的前面部分，标志有“50mm 1:1.4”等类似信息。这表示的是，镜头口径为50mm，最大光圈为1/1.4。佳能18–55mm镜头中标志为“1:3.5–5.6”，表示最大开放值可在f3.5–f5.6间不同档位值变动；在18mm时，光圈系数最大开放值为f3.5，在55mm时，光圈系数最大开放值为f5.6。下面了解光圈系数光圈的使用方法。

| 以每次约1.4倍亮度增加 | 1.4 | 2 | 2.8 | 4 | 5.6 | 8 | 11 | 16 | 22 |
|---|---|---|---|---|---|---|---|---|---|
| 以每次2倍亮度增加 | 1.4 | | 2.8 | | 5.6 | | 11 | | 22 |
| 以每次2倍亮度增加 | | 2 | | 4 | | 8 | | 16 | |

黑色文字和红色文字表示不同档位值。观察以黑色表示的光圈系数规则，可以发现是以二倍进行增大；而以红色表示的光圈系数也同样如此。那么，黑色光圈系数和红色光圈系数有着什么样的关系呢？从以上可知，各个数值之间大约是以1.4倍进行增长。准确来说，1.4是2的平方根的数值。如果数学课上没有打瞌睡，那起码应该知道2的平方根是以1.414开头的无理数。以1.4倍进行成倍增长，表示光圈距离以圆面积的2倍进行成倍增长。换句话说，光圈系数一般都以2位数值进行表示，8的1.4倍一般写成11而不是11.2。因此，光圈系数以1.4倍递减时，就会变亮2倍；当光圈系数以1.4倍进行扩大时，则亮度为原来的1/2。像这样以2倍进行变亮或变暗的数值，在DSLR中以+1或–1来表现，这个数值在曝光补偿（EV）中也经常使用到。

**光圈的原始值和表现值（单位：比率）**

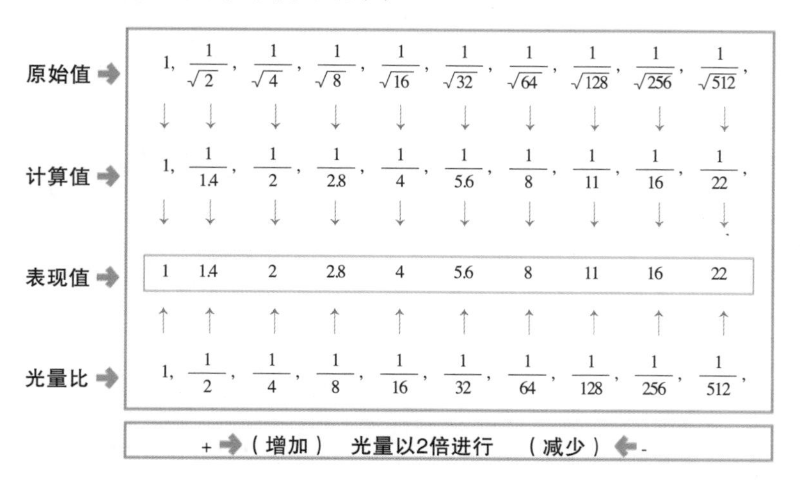


光圈系数取决于亮度。而亮度的程度应该可以根据已定的光圈系数换算出来。下面从实拍效果来看看如何根据光圈系数的变化来看用不同光圈系数拍摄的不同效果。（选用同一快门速度）。

光圈系数f3.5拍摄

光圈系数f4.5拍摄

光圈系数f5.6拍摄

光圈系数f7.1拍摄

光圈系数f9.0拍摄

光圈系数f11.0拍摄

光圈系数f14.0拍摄

光圈系数f18.0拍摄

## ● 理解被摄体的景深

光圈的首要功能就是调节光量。与此同时，随着光圈系数的变化，被摄体的景深也随之而变化。被摄体景深是指被摄体能被清晰表现的范围，可利用在照片摄影中进行多样的表现。这其中最为明显的作用就是使主体和背景分离，突出主体。调节被摄体景深的方法有几种。

### 1. 根据光圈系数变化的景深差异

焦距相同的镜头，光圈系数不同其景深也不同。光圈系数越小，则景深越大；光圈系数越大，则景深越小。这是因为，光圈系数减小时，光从镜头的小孔部分通过，被摄体将被清晰的表现。反之，光圈系数越大时，只有镜头对准焦点前后的一小部分被清晰的显示，而聚焦点前后的大部分则会以模糊圈形态被认知。模糊圈可用肉眼进行确认，举起手指，让眼睛聚焦在指尖上，则后面的背景会变虚，从而产生模糊圈。即，景深差异会随着光圈的开放程度的不同而改变。

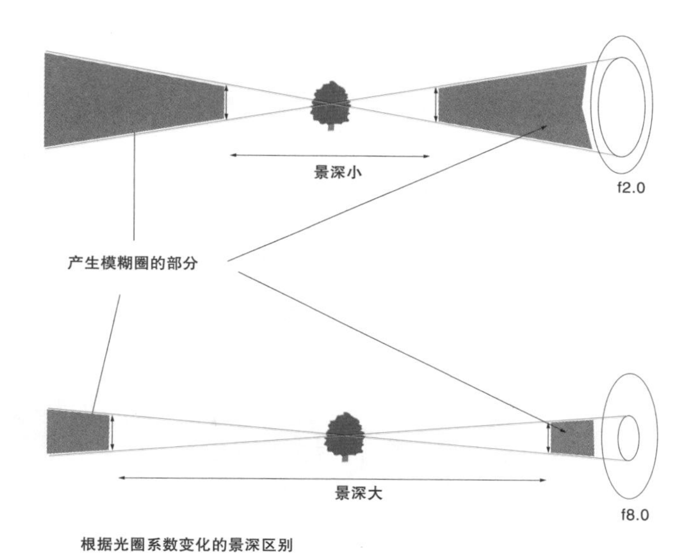


根据光圈系数变化的景深区别

生成模糊圈的样子

光圈系数f2.0下的景深

光圈系数f5.6下的景深

光圈系数f7.1下的景深

光圈系数f9.0下的景深

光圈系数f13.0下的景深

光圈系数f20.0下的景深

景深随着光圈系数的变化而变化，与随着镜头口大小的径变化而变化的景深有着相同道理。即使在光圈系数同为f8.0的情况下，用77mm镜头和35mm广角镜头拍的照片的景深也不尽相同。虽然两个镜头的光圈系数相同，但焦距越大口径也越大，口径越大景深也就越短。

**2. 光圈系数固定时，随着拍摄距离的变化景深也有差异**

被摄体的景深会随着光圈系数的改变而改变，也会随着拍摄距离的变化而改变。光圈系数相同时，如果相机和被摄体距离近，则景深小；相机和被摄体越远则景深越大。

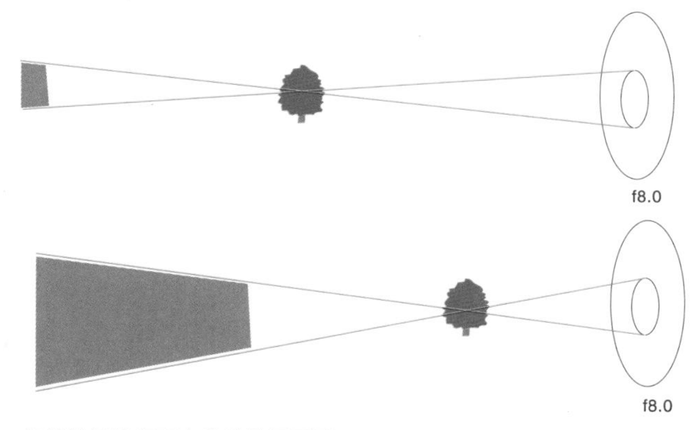


根据被摄体距离变化的景深区别

根据被摄体距离变化（近）的小景深照片

根据被摄体距离变化（远）的大景深照片

景深随着拍摄距离变化而变化与景深随着焦距变化而变化的原理相似。即使有着相同光圈系数、有着相同拍摄距离，焦距越短其景深越大，焦距越长则景深越小。这是因为，焦距短意味着被摄体远，而焦距长意味着被摄体近。

## 02 决定曝光时长的快门按钮

快门是控制曝光时间长短的装置。通过快门开启时间的长短，可以控制投射到CCD（CMOS）或胶片的光线的时间。

### ● 了解快门速度

快门速度以秒单位，和光圈系数一样在摄影中有着重要的地位，下面来了解快门。

关闭快门时

打开快门时

第1阶段关闭快门幕

第2阶段按下快门时前幕开始落下

第3阶段快门幕完全落下

第4阶段快门幕以快门速度进行完全开放并拍下照片

第5阶段拍照后后幕开始落下

第6阶段后幕关闭准备下一次拍摄

佳能300D可用快门速度

30s 25s 20s 15s 13s 10s 8s 6s 5s 4s 3.2s 2.5s 2s 1.6s 1.3s 1s 0.8s 0.6s 0.5s 0.4s 0.3s 1/4s 1/5s 1/6s 1/8s 1/10s 1/13s 1/15s 1/20s 1/25s 1/30s 1/40s 1/50s 1/60s 1/80s 1/100s 1/125s 1/160s 1/200s 1/250s 1/320s 1/400s 1/500s 1/640s 1/800s 1/1000s 1/1250s 1/1600s 1//2000s 1/2500s 1/3200s 1/4000s

快门速度也有以分数进行表示的，但是在DSLR中大部分都不以分数进行表示。快门速度为15 s时，表示为15"，即"是表示秒的单位。当速度为1/30s时，直接表示为30。当速度为1"时，表示从打开快门幕到关闭时需要的时间为1s。快门速度和光圈系数一样，也用于调节光量。例如，把快门速度从1/1000s变换为1/500，则进入的光量会增加2倍。快门速度越快，则进入的光越少，快门速度越慢，则进入的光量以2倍系数进行增长。

在DSLR中重要的是了解如何根据被摄体的移动速度和镜头焦距来决定适当的快门速度。要拍摄以100km/h奔驰的汽车，最少需要的快门速度时1/300s；把跳跃的小孩拍成静止状态，需要最少1/150s的快门速度。适当快门速度和所使用的镜头焦距有直接的关系。50mm定焦镜头的适当快门速度是1/50s时，100mm准望远镜头的适当快门速度是1/100s。这里指的适当快门速度是指不使用三脚架、只以手持DSLR进行拍摄时、能够进行无抖动拍摄的速度。在DSLR中1s意味着很长的时间，普通人手持DSLR在1s内进行拍摄时，几乎都会受抖动影响。

## • 快门速度比较慢的情况下

当快门速度较慢时，甚至可以拍摄到被摄体的运动轨迹，因此，可以在照片上保留时间的痕迹。另外，快门打开的时间越长，流入的光量越多。使用快速快门速度可以捕捉下快速运动的被摄体的瞬间姿态。在超过1/100s时，人眼对速度很难进行分辨，因此，以快速的快门速度拍下的照片可以展现出平常用肉眼无法看到的一些有趣的瞬间场景。但是，要让快门速度更快，需要有充足的光量，同时还需要相对稳定持续的光源。如果DSLR使用闪光灯，快门速度超过1/300 s时，快门速度比照明的发光速度快，会造成部分画面出现黑色。

1. 使用闪光灯，在不同快门速度下拍摄的照片

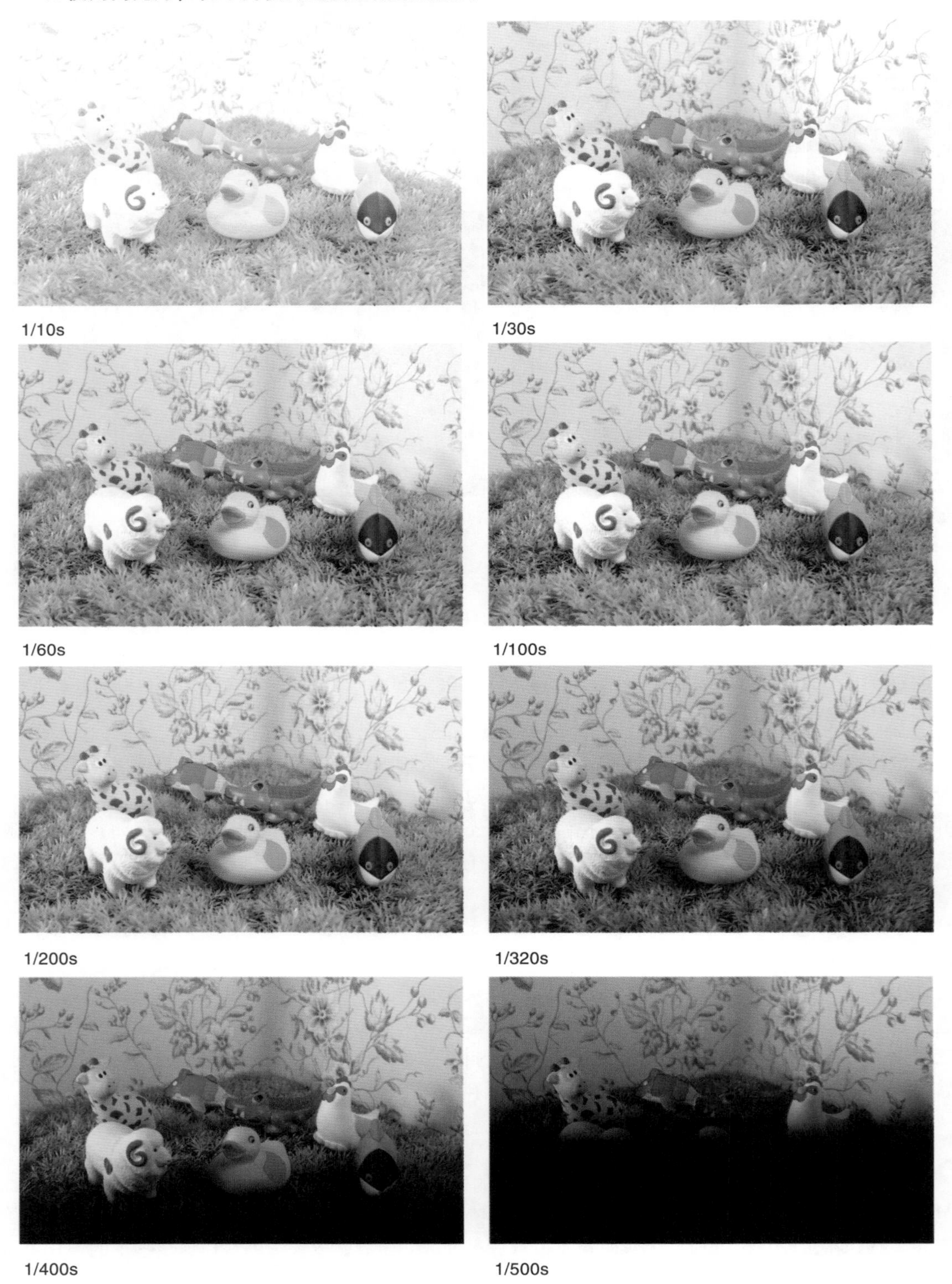

1/10s　1/30s

1/60s　1/100s

1/200s　1/320s

1/400s　1/500s

2. 分别以快慢不同的快门速度拍摄的照片

4s快门速度拍摄
(出处：300Dclub)

13s快门速度拍摄
(出处：300Dclub)

1/800s快门速度拍摄
(出处：300Dclub)

1/200s快门速度拍摄
(出处：300Dclub)

tip

## 什么是B门功能?

使用DSLR的B门功能，拍摄者可以随意自由的调节快门速度。在B门中设置快门速度，按快门，打开快门；松开快门按钮，则快门关闭。如下的天体照片就是使用DSLR的B门功能拍摄所得。使用B门功能等慢快门速度时，会经常使用到快门线，因为用手直接按下快门的瞬间往往会造成DSLR的细微移动。

天体照片1(出处：300Dclub)

天体照片2(出处：300Dclub)

## 03 是光圈优先模式？还是快门优先模式

DSLR的拍摄模式转盘可以支持各种各样的拍摄模式，使得拍摄者不用根据拍摄环境对光圈系数和快门速度进行单独设置，也能够轻松进行拍摄。

佳能5D模式转盘

尼康D50模式转盘

奥林巴斯E-500模式转盘

### • 自动模式

也叫做Auto模式。DSLR中有多种可支持模式，DSLR会自动根据不同环境选择适当的设置，拍摄者只需按下快门即可。这种模式让DSLR自动解决所有问题，但如果想要拍摄具有独特个性的照片则有所不足。在曝光设置有困难的环境下或者进行紧急拍摄时，选择这种模式比较有利。

### • 程序模式

程序模式，简称为P模式。这种模式下，DLSR根据利用测光表而测定的光量来进行设置光圈系数和快门速度以获得正确的曝光。和自动模式的区别在于，除了光圈系数和快门速度以外的其他设置值，比如ISO值、白平衡等，拍摄者都可以直接进行设置。适用于室外摄影和配载闪光时使用。

### • 快门速度优先模式

又称为S或Tv模式。在快门速度优先模式中，拍摄者可以随意设置快门速度，而DSLR会根据此设置自动调节相应的光圈系数。常用于运动型被摄体，或对景深要求不高的情况下。

### • 光圈优先模式

又称为A或Av模式。光圈优先模式和快门速度优先模式相反，由拍摄者优先设置光圈系数，而DSLR根据光圈系数自动调节快门速度。画面讲求景深效果时必用的拍摄模式。

### • 手动模式

又称为M模式。使用者可以对所有功能进行直接设置的模式。使用者需要直接决定适当曝光度，如果对DSLR不熟悉，使用起来会相当麻烦，但用此模式会拍出与众不同的影像作品。

tip

### 其他拍摄模式

**场景模式**

预先设置好拍摄场景，让拍摄者可以进行轻松拍摄的设置模式，称之为场景模式。可以很好的突出被摄体的特征。

**人物拍摄模式**

为了突出人物而开放光圈系数，拍摄出离焦效果。使用望远镜头可以得到更好的效果。

**风景拍摄模式**

使用广角镜头可以得到更好的效果，可以拍摄出全景深的效果。

**特写模式**

拍摄花或昆虫等近距离被摄体时使用。

**运动模式**

拍摄快速运动被摄体的时候使用。持续按住快门，自动对焦系统对被摄体进行追踪以捕捉焦点。使用望远镜头时使用采用该模式效果更好。

**夜景模式**

启动闪光灯，以低速同步表现出自然的夜景风光。

## 04 利用光圈系数得到适当曝光与不同景深的照片

前面已经得知，景深会根据光圈系数的开放程度、焦点距离以及DSLR和被摄体间的距离等多种因素变小或变大。焦点对准画面整体的称为全景深，被摄体前后虚化的焦点称为离焦。下面介绍全景深和离焦如何生成及其相关特征。

### • 离焦（背景虚化）

这种离焦是指在焦点所对准面的后面生成模糊圈、使背景虚化的情况。

离焦（出处：300Dclub）

### • 离焦（前景虚化）

这种离焦是指对准焦点的临界焦点面的前面部分虚化的情况。

离焦照片

## 全景深

全景深是指整体均衡景深大的情况。

全景深照片（出处：300Dclub）

## 景深范围，临界焦点面

在被摄体景深中，对准焦点处称为临界焦点面。以临界焦点面为基准、根据光圈系数来决定被摄体的景深。一般而言，以临界焦点面为基准，被摄体的景深范围为前景深与后景深的比率为1：2。虽然光圈系数的范围根据镜头种类会有所差异，但通常光圈系数为f8.0~f11.0时，会表现出最佳的锐度和反差，这是由于聚集光的镜头的中心轴大小和光圈系数f8.0~f11.0的大小相似的缘故。

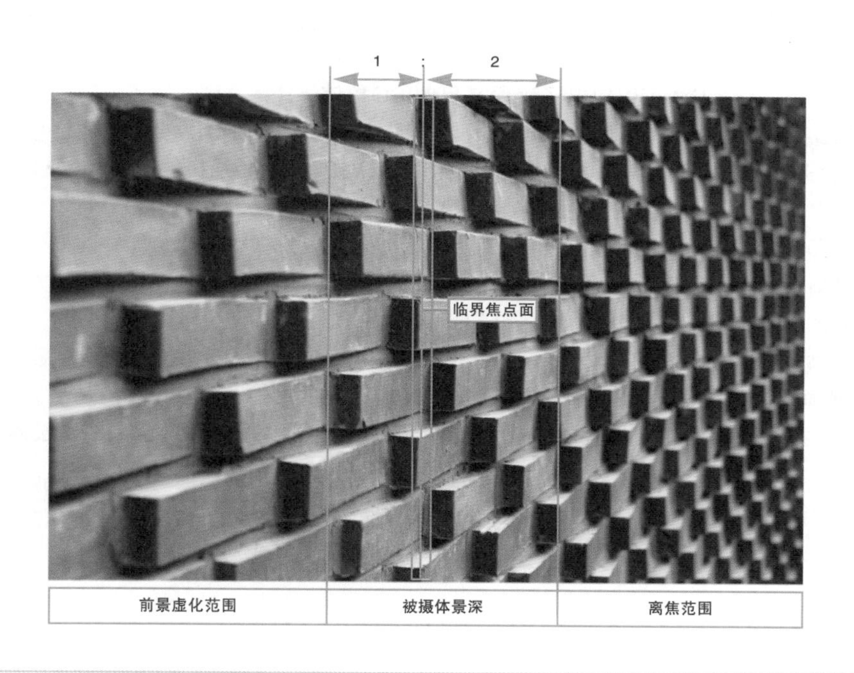


tip

### 在手动模式中，如何调节光圈系数和快门速度

在手动模式中，要能够恰当的设置好光圈系数和快门速度则需要大量的经验和练习。在室内使用闪光灯时，在快门速度1/60 s下设置为光圈系数f9.0左右、ISO数值100左右，则可以得到曝光适中的照片。用闪光灯作为主光源时应通过光圈系数来调节曝光量，闪光灯的同步速度为1/300 s，如果快门速度高于闪光同步速度时，则所得照片会偏暗。

# 调整ISO设置，在暗处获得无抖动的照片 05

前面已知，光圈系数决定光的量，快门速度决定曝光时间的长度。二者分别负责曝光。接下来要介绍的是除了光圈系数和快门速度以外的、影响整体曝光的ISO。

## 01 了解ISO

**下面来了解可以让我们在低照度环境进行无抖动拍摄的ISO。**

ISO是国际标准化机构（International Standard Organization）的简称。我们常说某个公司获得ISO9000认证，和这里的ISO的意思是一样的。之所以附加上ISO符号，是因为以国际标准来确定胶片对光的反应速度。ISO数值一般以50、100、200、400、800、1600、3200等形式进行标定，ISO数值越高，对光的反应速度越快，ISO数值越低，则反应速度越慢。

ISO值大致可分类为低感光度、中感光度、高感光度。ISO50以下为低感光度，ISO100，200属于中感光度，ISO400以上属于高感光度。在胶片摄影领域，一种胶片一个ISO值，选择一种后就只能等全部用完。但在DSLR中可以以电子手段来更改ISO数值。

佳能350D在ISO400为止受噪点影响极小，但一旦超过ISO800，就会生成许多噪点。另外，ISO值根据各DSLR厂商不同也有所区别，佳能的ISO值从100开始，尼康的ISO数值从200开始。

感光度除了用ISO表示外，还有用ASA、DIN、KS、JIS等标注。

ASA（美国标准，American Standard Association）

DIN（德国工业标准，Deutsche Industrie Norm）

JIS （日本工业标准，Japan Industrial Standard）

但目前基本上还是以ISO进行表示，原来的ISO数值标志，如ISO 100/21，会把ASA/DIN一起标注出来。准确来说，我们常看到的ISO数值是指美国标准的ASA。ISO数值的基准为100，这是因为在ISO100下拍摄对曝光组合时能让快门与光圈会处于安全、适中的组合，拍出技术上完美一些的照片。

## 02 ISO的使用方法

**下面介绍ISO的使用方法及其特征。在这里所用于解释ISO数值的照片，全部是用非全画幅的佳能300D进行拍摄。因此，在其他不同尺寸的影像感应器中会得到不同的结果。**

## • ISO的特点

ISO像双刃剑。提高ISO数值后，即使在光量不足的地方也可以拍摄到明亮效果的照片，但是会生成大量噪点。降低ISO数值，在低照度的环境中无法正常拍摄。但一旦拍摄成功，可以得到干净而清晰的照片。最近上市的大部分DSLR在ISO400左右都可保证相当高的画质。

## • ISO的使用方法

在胶片时代，选择与拍摄内容相应的ISO胶片进行拍摄。一般用于拍摄小商品或旅游时的大部分胶片的ISO数值都为100。而一旦选择了某种胶片，则ISO数值是无法更改的。但是，在DSLR中就可根据情况随时更改相应的ISO值进行拍摄。下面来看看，ISO值一般是在何时、何种情况下进行变更使用。

1/640s，f3.0，ISO100

1/2000s，f2.8，ISO100

以上照片是以相同ISO数值进行拍摄。阴天下拍摄的海鸥照片是以1/640的快门速度进行拍摄。晴天拍摄的花丛照片，光圈系数为f2.8，对应的快门速度为1/2000s。观察前一照片，可知在阴天下，即使在1/640 s的快门速度下仍然略显灰暗，光量不足。

如果要让前一照片获得更亮的效果，可以把快门速度设置为1/320s，但是快门速度变慢后，会无法准确捕捉鸽子的运动。在这种情况下，保证高速快门速度的前提条件就是提高ISO数值。

## • 选用低ISO值拍摄（ISO100）

在太阳光下进行拍摄时，或在光量充足的室内使用闪光灯进行拍摄时，应该把ISO数值降低后进行拍摄为宜。

1/320s，f6.3，ISO100

ISO100

ISO100

ISO100

低ISO数值的特点是可以让照片图像显得干净而清晰。但缺点在于，在光量不足的地方拍摄时不能用相对高一点的快门速度或小一点的光圈。

### • 选用ISO400

在家里或结婚庆典等具有一定照明的场所中，或在傍晚和清晨、看不到太阳的阴天情况下，适用于ISO400左右的数值。在室内使用闪光灯时，有时候也把ISO数值设定为400左右进行拍摄。

ISO400

生成一定程度的噪点，但不影响画质

ISO400

在光量不足的傍晚，使用ISO400拍摄可以看到明显的噪点

使用ISO400虽然没有ISO100清晰，但在照明不足的室外或者照明适当的室内中可以通过保证相

对高一点的快门速度来进行拍摄。在ISO400时使用DSLR拍摄，在一定程度上要考虑到噪点的产生。

### • 高ISO值时（ISO800以上）

在光量不足的咖啡厅或电影院中，或在几乎没有太阳光的情况下，需要设置为高一些的ISO数值。但是，这时噪声现象严重，要保证照片画质十分困难。

ISO800

可知图片中生成噪点

ISO800在具有一定照度的实内可以有效地发挥优势。但用ISO800拍摄的照片不抗放，放大以后会出现噪声现象。

ISO1600和ISO3200会生成十分严重的噪点，所以在设置ISO数值时一定要考虑到噪点法问题。

ISO3200

可知图片中生成大量的噪点

以上是在快速运行中的火车内以ISO3200进行拍摄的照片。可知噪声现象严重，被摄体的清晰度十分低。像这样，ISO可以调整整体曝光的同时，也影响着照片的清晰度。

### • 不同ISO数值下的亮度变化

了解在不同ISO数值下应该如何进行拍摄。

| 拍摄条件 | |
|---|---|
| DSLR机型 | 佳能300D |
| 光圈系数 | F10 |
| 快门速度 | 1/125s |
| 照明 | 三波长灯泡2个 |

ISO100

ISO200

ISO400

ISO800

ISO1600

ISO3200

### ● 不同ISO值下的噪声变化

了解在不同ISO数值下的噪声变化。

ISO100

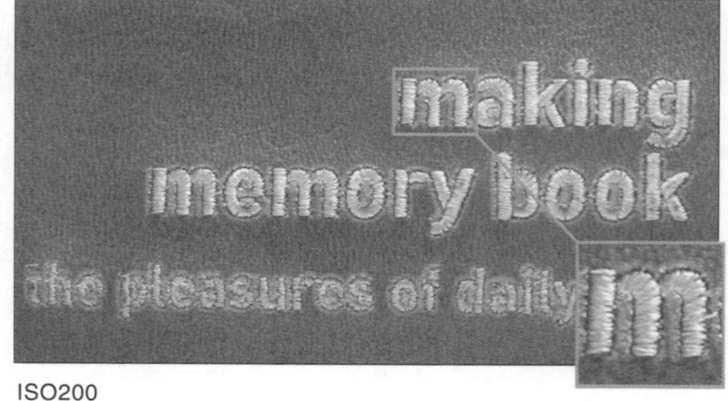


ISO200

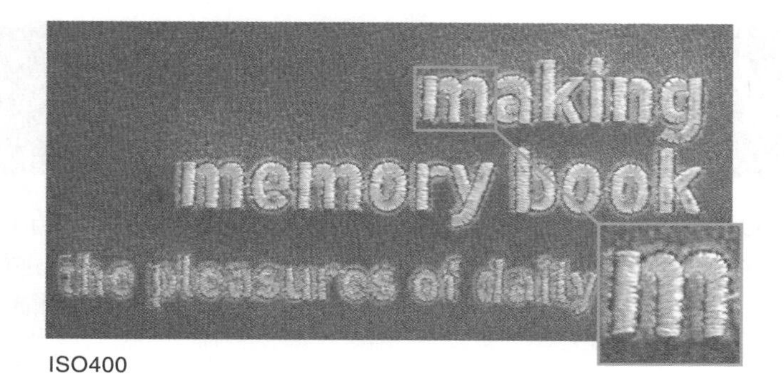

ISO400

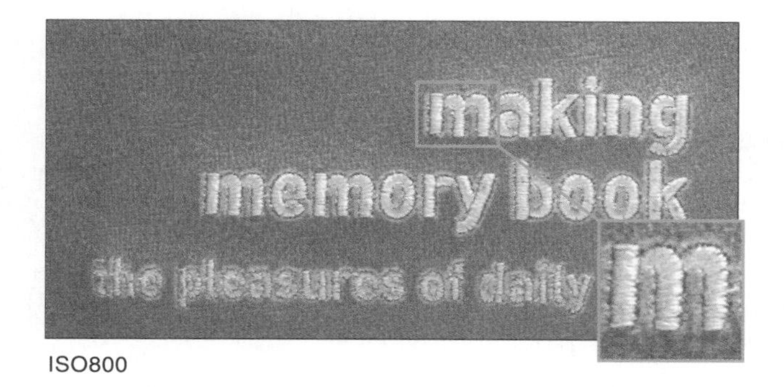

ISO800

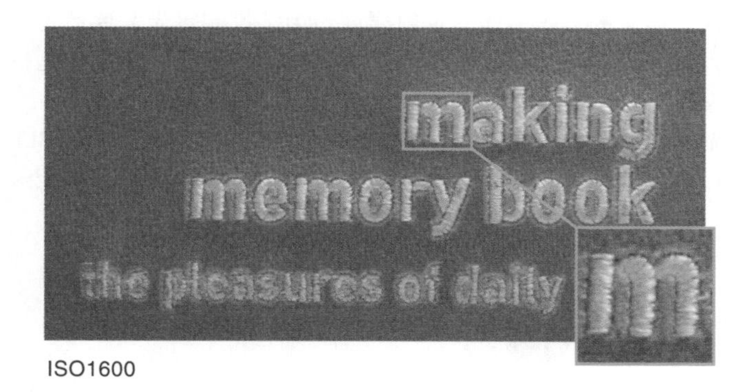

ISO1600

ISO3200

# 学会测光，逆光拍摄也不怕 06

前面连续介绍了以光圈、快门和ISO等进行曝光控制的方式。但是拍摄中，为了获得不同情况下的正确曝光必须进行测光。测光是指在对进入镜头的光量、被摄体以及周围的环境进行光量测试的方式。曝光的完成可以说是以光圈系数和快门速度设置开始，以测光结束。下面介绍测光的种类、原理及其使用方法。

## 01 使用测光的情况

**测光是对进入DSLR中的光进行计算的方式，下面介绍其种类和操作方法。**

测光是指测定光的模式。DSLR为了获得适当曝光而对被摄体的亮度进行计算。更准确地说，是计算被摄体和背景对取景器中的各被摄体的反射程度。为了控制曝光需要计算光量，而此时需要使用到测光表。测光表大致分为入射式测光表和反射式测光表，入射式测光表是指对进入的光进行直接读取后测定曝光量的方式。

反之，反射式测光表是指计算在被摄体上反射的光量的方式。大部分的DSLR都采取反射式测光表方式。因为必须通过进入镜头的光来计算曝光，而只计算光的照度的方式无法区分被摄体的暗处和亮处。

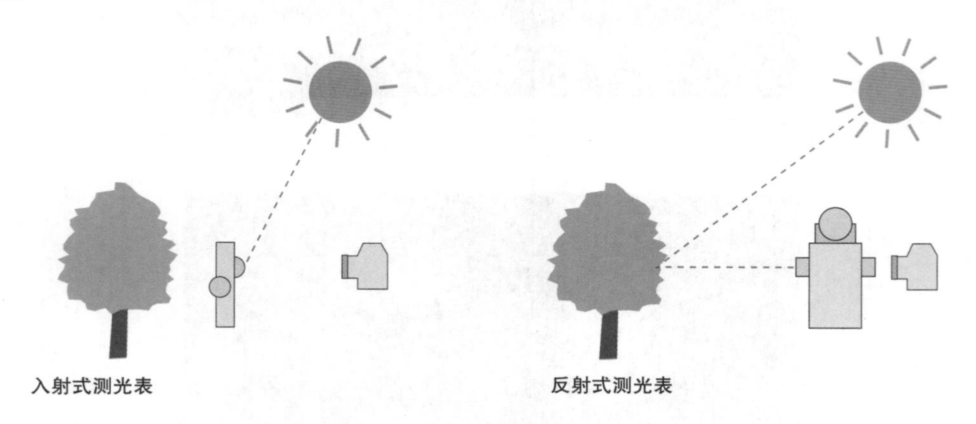


因此把反射率为18%的灰卡作为DSLR的曝光标准。在DSLR中，默认拍摄中间影调亮度的照片所对应的曝光基准信息的反射率为18%。反射率为18%，不单指灰色，同时RGB也具有同一的反射率。

反射率为18%的颜色

如果被摄体发出的光比18%反射率的灰卡要亮，则DSLR会认为拍摄环境过亮而自动降低亮度。反之，如果被摄体比灰卡要暗，则DSLR会自动地把照片拍得亮些。即，会得到曝光过度的照片。

曝光不足

曝光适中

曝光过度

前面我们学习过，在DSLR的曝光控制方法中，有自动模式、程序模式、光圈优先模式、快门速度优先模式以及手动模式等多种方法。在手动模式中，拍摄者可以使用光圈系数和快门速度等直接进行所有的曝光控制，测光在此没有意义。在除此以外的其他模式中，DSLR都是使用前面所说的反射式测光表来决定曝光量。这时候，需要决定如何调节进入镜头的光量，或者是通过计算进入取景器整体中的光量来决定曝光，或者是调整整体的3%，而对此作出决定的就是测光。即，测光是使用于半自动模式中对被摄体和背景等的曝光状态进行确认并决定最恰当的曝光值。

## 02 测光方式的种类

**以下介绍测光方式的种类和特点，以及其使用方法。**

### ● 中央重点测光/中央局部测光

中央重点测光是指测定取景器的一小部分曝光值的方式。

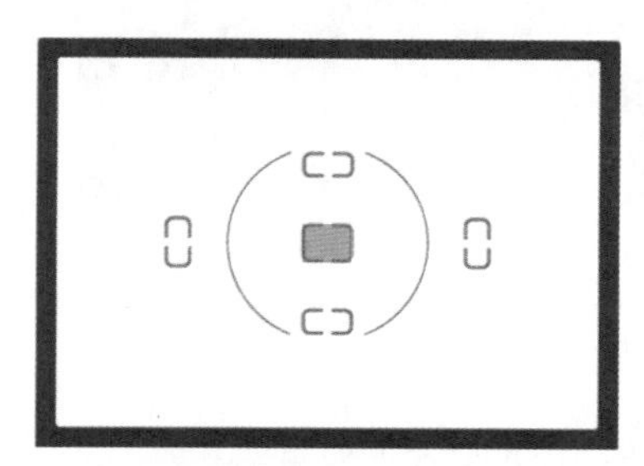

中央重点测光范围

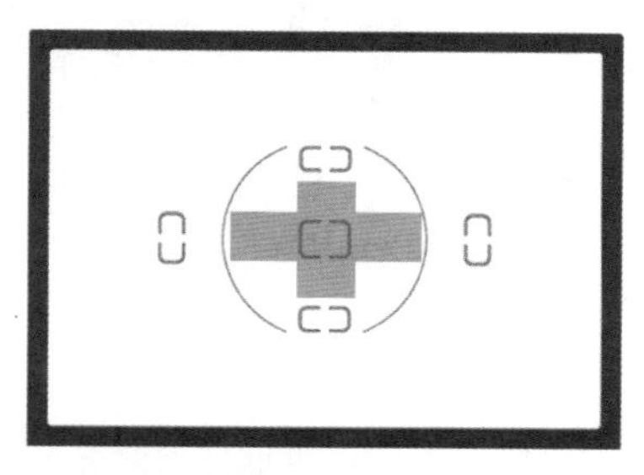

中央局部测光范围

中央重点测光是指只测定取景器的1%~3.5%范围的方式。一般情况下最常使用3.5%，适用于只测定被摄主体的曝光。中央局部测光的测光范围大约在9%左右，比点测光范围要大。中央局部测光或点测光适用于逆光或背景为黑色、白色时获取正确曝光。例如，在进行人物摄影时，如果人物在逆光条件下，一旦选择多重测光，则DSLR会误认为整体光量过多而拍摄成偏暗的照片，作为主要被摄体的人的脸部也会随着整体曝光不足而变暗。但是，如果使用点测光，确定的是局部曝光值，则即使在逆光条件下也能把被摄体拍摄得明亮。

点测光拍摄的照片

观看上图，可知被摄主体木莲花为明亮色，而背景为暗色，这种情况下肯定应该使用点测光。即，点测光适用于主体和背景之间曝光区别十分明显的情况。较多使用的典型情况为庆典场所或者宴会等以人为主的拍摄场景，或者在逆光中的人物摄影以及室外的夜间场景等。

但是在下图中，当主体和背景之间的曝光区别不明显时，使用点测光就看不到特别的效果。

不需要点测光的情况

## 中央多点平均测光

下面来了解测定范围比中央局部点测光的范围更大的中央多点平均测光。

中央多点平均测光是最为基本的测光方式，在部分测光方式上又向前迈进了一步，部分测光只能测定整体的9%，而中央重点平均测光在决定DSLR的曝光量时，会把取景器的中央部位的圆形目标部分作为60%~80%来计算，把剩余的其他部分作为20%~40%进行计算，并以如此相加的数值来决定曝光的程度。如果被摄体和其周边的亮度差异过大，也有可能无法得到预想的效果。

右图是以中央多点平均测光进行拍摄的白色背景下的瓜果。DSLR对画面整体进行测光，计算结果为过亮，拍摄出偏暗效果的照片。可以把−1.0调整到+1.0档，进行曝光补偿后再进行拍摄。

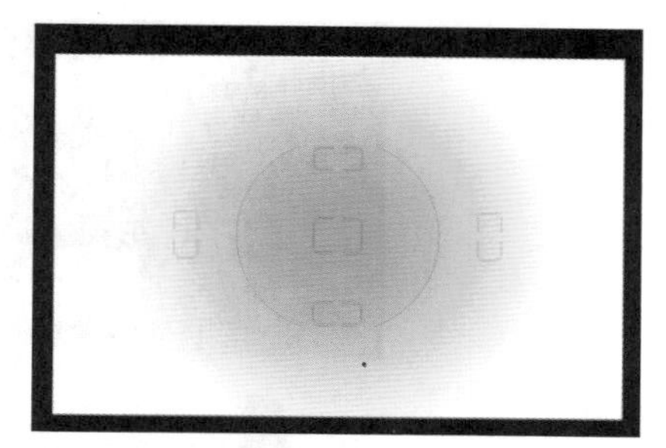

中央重点平均测光范围

以中央多点平均测光拍摄的照片

+1.0曝光补偿后以中央多点平均测光拍摄的照片

+2.0曝光补偿后以中央多点平均测光拍摄的照片

如上图拍摄所示，当背景过亮时，DSLR可以使用中央重点平均测光使整体曝光变暗，当背景过暗时，可以使其变亮。

f3.5，1/13s，ISO100，0.0

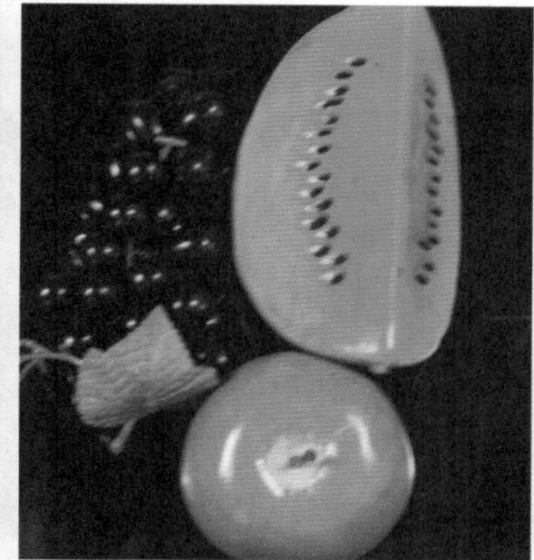

f3.5，1/13s，ISO100，−1.0

f3.5，1/13s，ISO100，−2.0

如上所述，中央重点平均测光会经常被使用于极端的效果表现，当背景和被摄体之间出现曝光差异时，就必须通过摄影的实际经验来进行曝光补偿。在利用类似于剪影等的强逆光对被摄体进行极亮效果的表现时经常使用中央多点平均测光。

使用中央重点平均测光突出剪影的照片（出处：300Dclub）

## • 评价测光（多重测光、矩阵式测光）

下面介绍计算进入取景器中的所有光的评价测光方式。

评价测光是为了解决中央重点平均测光的缺点而生成的测光方式。

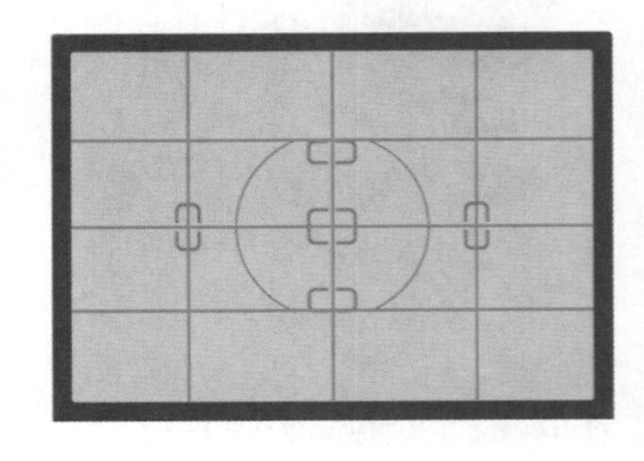

**参考** 根据生产厂商不同，评价测光也不同

- 尼康：矩阵式测光
- 佳能：评价测光
- 索尼，尼康：多重测光
- 奥林巴斯：数码EPS测光

观察下图片，可知太阳光直射下来的部分是明亮部分，在云层中生成阴影而效果偏暗。当照片中要强调的是整体画面而不是特定部分，而又存在着类似这种的整体上的曝光差异时，需要使用分区评估演算式测光来均衡照片中的曝光值。

## ● 各测光方法的曝光比较

点测光

中央局部点测光

中央多点平均测光

分区评估演算式测光

# 决定被摄体亮度的曝光补偿 07

通过曝光控制和测光所计算的光量，需要每次对其进行略微的补偿后再进行拍摄。下面介绍曝光补偿的概念和特性，以及如何进行曝光补偿。

## 01 区域曝光系统

**区域曝光系统被称为曝光的基准值。**

区域曝光系统是指19世纪30年代安塞尔・亚当斯在完善体系时所制定的黑白曝光的基准值。区域曝光系统是指使用胶卷冲印黑白照片时调整其亮度的方法，共分为1到9阶段。

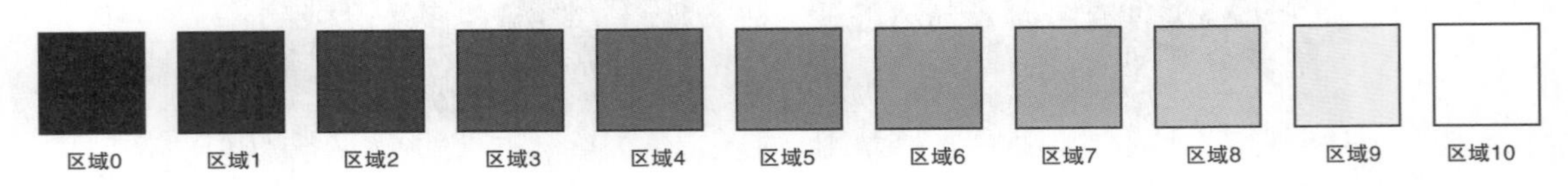


区域曝光系统的11个阶段

* 区域0：完全不表现质感和细节，冲印照片时表现为最黑色。
* 区域1：和区域0基本相似，几乎无质感表现，生成的纹路和划线等会有细微表现。
* 区域2：几乎没有质感，但是可以找出细微的质感表现。
* 区域3：虽然偏暗，但这是能够确认一定质感表现的第一个阶段。
* 区域4：可以清晰表现质感和细节部分，但是略微偏暗。
* 区域5：表现出最适当亮度的曝光量。是中间灰色（18%）影调。

* 区域6：可以清晰表现质感和细节部分，但是略微偏亮。
* 区域7：在明亮部分中把能够表现的质感部分作为亮灰色tone。是能够表现出质感的最后一个阶段。
* 区域8：灰色十分亮，质感表现弱。
* 区域9：几乎没有质感，细节表现非常有限。
* 区域10：质感和细节完全无法表现的最白的阶段。

从以上区分中可知，区域3是在黑暗部分中能够开始表现细节的区域，区域7是在明亮部分中能够进行细微质感表现的最后区域。即，区域的各区域表现能力是通过曝光补偿让被摄体处于区域3至区域7的位置上，从而表现出被摄体的质感和细节。

下面对区域曝光系统的各个使用方法进行分别了解。

| 区域 | 0 | 1 | 2 | 3 | 4 | 5 | 6 | 7 | 8 | 9 | 10 |
|---|---|---|---|---|---|---|---|---|---|---|---|
| 曝光补偿 | -5 | -4 | -3 | -2 | -1 | 0 | +1 | +2 | +3 | +4 | +5 |

区域曝光系统曝光补偿

以上图表表示的是，如何根据要表现的被摄体的亮度来进行曝光补偿。例如，通过DSLR测光得知某个被摄体的曝光为区域5，但如果拍摄者并不想用区域5、而是想用区域3来表现被摄体时，则需要进行-2档的曝光量调节。假设要拍摄滑雪场里的雪人，使用DSLR中的测光表对准雪人找准焦点之后，DSLR会把雪人设置为区域5。即，会把白色的雪拍摄为灰色调。这样拍摄得到的照片，结果雪人就变成灰色了。为了把雪人表现成原来的白色，应该移动到区域8，为了从区域5移动到区域8，需要调整+3.0档进行曝光补偿。

观看下图，进行说明。

下面照片的测光点对准的是右边的白色墙体。即，白墙处于区域5的位置，而旁边的铁门处于几乎没有质感的区域1。

f9.0，1/60 s，ISO100，0.0

为了使铁门处于可以表现质感的区域3，应该通过曝光补偿来改变区域的位置。

| 区域 | 0 | 1 | 2 | 3 | 4 | 5 | 6 | 7 | 8 | 9 | 10 |
|---|---|---|---|---|---|---|---|---|---|---|---|
| 曝光补偿 | -5 | -4 | -3 | -2 | -1 | 0 | +1 | +2 | +3 | +4 | +5 |

从图表可以发现，为了从区域1移动至区域3位置，需要进行+2档的补偿。

在f9.0，1/60s，ISO100，0.0的基础上，首先对光圈系数补偿+1.0档，然后再以f6.3，1/60s，ISO100，0.0进行拍摄。

f6.3，1/60s，ISO100，0+1.0

在f6.3，1/60s，ISO100，0.0的基础上，再次对光圈系数+1.0档补偿，然后以f4.5，1/60s，ISO100，0.0进行拍摄。

f4.5，1/60 s，ISO100，0+2.0

观看照片，可知铁门也变得清晰而影调分明、处于可以区分质感的区域3。而原来曝光的地方——白墙则变为区域7，后面的窗户改变为区域8。

如上所述，区域曝光是可以决定以何种结构进行表现要拍摄的被摄体的系统。使用点测光可以更为有效的运用区域曝光系统，如果DSLR不支持点测光，也可以在中央局部点测光或中央多点平均测光的状态下走近被摄体，把测光点缩小至点测光大的范围内选取被摄体进行测光，之后再回到原位进行拍摄。

## 02 什么是曝光补偿

**下面介绍对测定后的光进行调整的曝光补偿。**

曝光补偿是指根据表现意图或因测光原因出现曝光不准确时调整曝光使其画面调亮或调暗的方法。前面已经学习过，曝光值基本上是利用光圈系数和快门速度来进行调整。但是，如果不想直接调整光圈系数和快门速度，而想通过曝光补偿功能来补偿细微的曝光值时，可以使用曝光补偿标示。

-2.1.0.1.2+

曝光补偿标示

曝光补偿标示如下图，是以0为基准，并标有+1，+2，-1，-2等的标示。

这个数值的亮度差异如下所示。

| | -2 | -1 | 0 | +1 | +2 |
|---|---|---|---|---|---|
| 光圈系数 | f16.0 | f11.0 | F8.0 | F5.6 | F4.0 |
| 快门速度 | 1/500 | 1/250 | 1/125 | 1/60 | 1/30 |

上表是通过改变快门速度数值来进行曝光补偿的情况（光圈优先模式）。可以看到在以光圈系数f8.0为基准的条件下，快门速度如何随着曝光补偿数值变化而变化的情况。在这里，升高或降低的1表示为1档，+1档表示2倍的亮度差异，-1档表示1/2的亮度差异。再进一步进行说明，如下。

* +1比0要亮2.0倍
* +2比0要亮4.0倍
* -1比0要暗1/2倍
* -2比0要暗1/4倍
* +2比-2要亮8倍
* +1比-1要亮4倍

在手动模式中，拍摄者可以随意调整光圈系数和快门速度，调整光圈系数和快门速度尽量使曝光补偿为0。调节曝光设置按钮使光圈系数移动一个阶段，则曝光补偿也会移动一个阶段。同样的，快门速度移动一个阶段，曝光补偿也随着移动一个阶段。

## 03 曝光补偿的应用

**下面将在实际案例中对区域曝光系统和曝光补偿进行体验。首先，在拍摄前用肉眼对被摄体的曝光进行估计，然后，应该推断出该被摄体包含有几种曝光区域。**

接下来一边看照片一边学习如何进行曝光补偿。以下是曝光不足的照片。

曝光不足的照片1

曝光不足的照片2

以下照片都过于泛白了。属于曝光过度。

曝光过度照片1

曝光过度照片2

曝光过度照片3

曝光过度照片4

像以上照片，曝光过度或不足时，需要使用的正是曝光补偿。观察以下照片，左边的照片虽然聚焦在椰子树上，但椰子树还是表现得太过于暗了。

f5.0，1/6000s，ISO100

f3.5，1/800s，ISO100

因此把曝光补偿数值从0.0变为+2.0，增加2档的曝光量，得到右边的照片，可知椰子树的亮度适中。为了给曝光数值增加+2.0档，应该把光圈系数和快门速度都利用上。

* 光圈系数f5.0-〉f3.5 +1档补偿
* 快门速度1/1600 s-〉1/800 +1档补偿

下面是补偿+1档的曝光补偿情况。只把快门速度从1/80s改变为1/50s，然后调整曝光为+1档后进行拍摄。

f3.5，1/80s，ISO100

f3.5，1/50s，ISO100

# 拍出完美的人物！人像摄影技巧

从购入DSLR的那刻开始，谁都想能够拍出漂亮的人物照片。因此，摄影以人物摄影为开始，这句话并不为过。在以人物为主题的照片中，如何才能让人着迷于人物的美丽，感动于岁月的痕迹？本章中我们将从基本装备的设置开始，按照素材、主题等类别，通过实战实例进行具体的学习。本章的重点不在于理论，而在于提供实战的相关知识。另外，在实例中还提供了各类照片的拍摄信息，以便入门者能更容易理解。

# 什么是人物摄影 01

人物摄影是指通过照片的表现方法把人物的肖像转为影像的操作。表现日常生活中人物的形与神的日常记录、以留念为目的的纪念照片、表现孩子可爱形象的照片、以女性为主题的外在形体表现的模特照片、表现特定人物的生活照片等都属于人物摄影。人物摄影所涉及的领域十分广泛，因此很难用一句话来概括。人物摄影是指无论在何种情况下，都以人物为主题，赋予人物形态以生命感和存在感的操作。好的人物摄影，要通过认真观察人物表情和形态，才能够恰当的表现出人物的造型特性。

## 01 人像摄影的表现手法

**在人物摄影中，对象的主体和客体都是人。虽然有程度上的差异，但不管是艺术照片还是快照，如果只对人物外形精雕细刻，意义不大。下面把人物摄影表现分成两类进行介绍。**

第一，人物性格或个性等的性格表现。

人类都有表现自身的欲望，想通过感情、情绪等精神世界的表达来确认自身的存在。如果能把拍摄人物的外形中所蕴含的个性表露出来，这就是最为理想的人物摄影。右图题为“盼”，题目与女人的表情吻合。随风飘散的发梢和眼神，把一个思念远方情人的女人的心迹表露无遗。

盼

第二， 从人物外形中体现视觉美的写实表现。

不管在拍摄美貌女郎、还是模特摄影中，衣服和脸部及身体一样起着重要的作用，从它们的和谐中所散发出的东西和美丽的感觉等也可以作为表现的素材。

前面说过，每个表现对象都有各自的与众不同的独特个性。因此，在人物摄影中，应该考虑到对象的个性，摄影师应捕捉人物的眼神、表情、手势、形态等最为恰当的瞬间。时时刻刻变化的表情和风景不一样，变化无穷，因此不要错过瞬间的机会。右图是一位坐在公园长椅上的老人照片，他带着忧虑的表情凝视着什么，从额头上的皱纹和眼神可以读到老人的沧桑。

人生

## 02 什么是完美的人像摄影

**完美的人物摄影不是指特定美貌女郎的照片，而是指对捕捉洋溢着自然生动感的瞬间。**

人物摄影是对充满活力人的神态与形态进行真实而有生动的瞬间捕捉，以永久保存其美的存在而进行确认的艺术。它不只是指人物的外在形态美，而是指在照片里的人物形象中很自然地感受到美的表现。例如快乐、幸福的表情，或从温馨动作中所感受到的明朗笑容、孩子的灿烂的表情等。

和母亲亲吻的儿童的淘气表情

戏雪女

Section

# 要拍摄什么 02

刚入门者往往会陷入不知要拍摄什么的苦恼中。在刚买入DSLR时的初期阶段，会心血来潮拍摄家人、朋友等身边的人物。但是随着时间的推移会对拍摄一般人物感到厌烦，渐渐的希望有其他的题材出现。虽然并没有拍多少张，就好像对这个人物已经全部都了解，从而做出错误的判断：再没有什么好拍的了……其实这都是因为在进行人物摄影时没有考虑到主题和素材。所以，希望大家在拍照前首先考虑一下拍摄意图和构思。另外需要作为标准来看的一条是，对一个人物最少要拍上几百次才能形成对该人物的判断，

## 01 主题与素材

**在选定拍摄对象之前，应该首先明确主题和素材。要拍什么、拍成什么样的效果，如果没有决定好这些基本事项，眼睛看见什么就按下快门去拍，其结果不外乎就是没有任何感觉的普通快照而已。笔者在学习摄影时在这部分下了最大的功夫，对于拍摄前应该如何决定有感觉的主题也颇为苦恼了几天。专业摄影师都会为主题和素材所苦恼，因为谁都想拍出非同一般的照片。**

### ● 主题

主题是照片的中心思想，就是指拍摄者对于“为什么我要拍这张照片？”和“拍摄这张照片想表现的是什么?”这两个问题的答案。拍摄者的所思所想就是照片的主题。无论拍摄的对象多么琐碎，只要观众能够感知到拍摄者的拍摄意图，则这个照片就是张不错的照片。右图是一个正在接受肉搏训练的士兵，虽然直接从画面上要看出这个意图有点困难，但依然向观众展现了一个可值得信赖的军人的姿态。

肉搏训练中的士兵

那么，照片的好的主题指的是什么呢？好的主题就是可以从视觉上能传达的主题、最为有效地进行视觉传达的主题。但是事前很难判断什么样的主题在视觉传达上最有效，因此，把看到照片即可感知的东西作为主题是最为合适的。对于十分深奥的主题，观看者理解起来也会有困难。好的人物摄影的主题，是指捕捉表现人物生活的真善美的瞬间。

以雨和女人为主题的照片1

以雨和女人为主题的照片2

## • 提炼主题

明确的主题对于作品十分重要，尽可能的要有一个突出的主题。应该让观看者第一眼就领会照片的主题，而后再观看照片中的其他部分。如果周围的事物要比主题更先抢入观看者的眼帘，那只能说这是一幅主题表现差的照片。要果断地把照片中不必要的部分去掉，或把无助于主题的景物不要摄入画面。只强调要表现的部分，这样观看者的视线才能自然而然地集中在拍摄者意图表现的地方了。

强调主题照片1

强调主题照片2

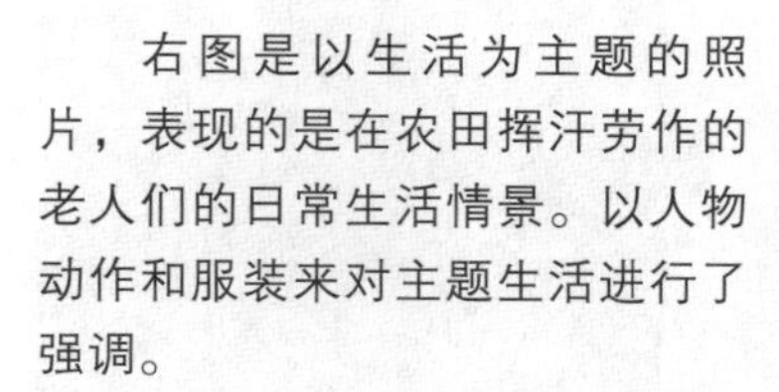

右图是以生活为主题的照片，表现的是在农田挥汗劳作的老人们的日常生活情景。以人物动作和服装来对主题生活进行了强调。

右图和上面两张照片一样，也是以生活为主题的照片。但是单从走路的老人这点上来表现，难以让人马上联想到他的艰难困苦生活。如果是驻着拐杖的老人或许感觉就不一样了，实在可惜。

未提炼主题的照片

● **素材**

摄影任何对象都可以成为的素材。不经过思考就随便拍摄而成的照片不会是好照片，那只能是素材片。如果是用于自己独自欣赏当然没有关系，但毕竟照片还是要给别人看的，还是应该站在视觉艺术的角度来考虑，吸引观赏者的眼球是最为重要的。吸引眼球，是指照片中一定要含有一些特别的东西。在照片中以具体素材、外形性素材、情感素材为佳。相比其他领域，人物摄影的素材可含有更为丰富的信息，可以进行更为多样的表现。比如，事物的质感是否生动、形态是否独特、发生的事件有新闻价值时，这些素材就是值得拍摄的好素材。还有有些即使没有具体主题的照片，富有变化的人物表情也足以成就一组好照片。

素材照片1

素材照片2

“素材照片1”和“素材照片2”是对乡村里踢足球的小孩们的连拍照片。拍摄重点是小孩们的表情。虽然这是很常见的素材，但是孩子们的紧张、极具生动感的表情和绝非故意做作的动作就足以吸引观众的视线。像这样，以没有特别之处的素材创作出特别的照片，就需要拍摄者具有能够发现素材的好眼力。

“素材照片3”到“素材照片4”是一组连拍的照片。在十分普通的日常场面中，把老奶奶和小狗作为素材巧妙的整合在一起，得到与众不同的照片效果。如果缺乏观察、不懂其含义，则即使满地都是素材也会无法发现。所以，时刻要记住，必须要有观察素材的眼力。好的素材就在我们的身边。

素材照片3

素材照片4

素材照片5

素材照片6

素材照片7

素材照片8

素材照片9

## 02 强调外在的摄影

**人物摄影中的外在部分指的是什么？很自然想到的就是照片中所拍摄到的人物的外形。相比以内心感知去拍摄，这种类型的照片更侧重于视觉的直观性。把美丽的外形表现得更为美丽，这就是强调外在摄影的核心。**

在人物摄影中，强调外在的照片基本上是指女性证件照、模特照片和室内照片。人眼所见的外形美本身，其实就是一幅照片。模特摄影和证件照摄影时，与对象人物的交流十分重要，无论谁站在镜头前都会觉得不自然和紧张，要想拍摄到自然的照片，在拍摄前需要注意以下三点。

第一，摄影前和模特进行充分的对话交流。

通过家常话，关心、幽默的话语来拉近彼此的距离。

第二，建议模特去摆出想要的姿势。

事先告知会如何拍摄，让模特有心理准备，在拍摄现场诱导其摆出自然的姿势。

第三，不断连拍。

为了捕捉具有生动表情的瞬间，最好能够进行连拍。即使是同一个姿势，表情也会瞬息万变。

证明照片

室内照片

模特照片

## 03 强调内涵的摄影

**区别于强调外在的摄影，强调内在的摄影是人物摄影中所主要使用的方法。下面介绍强调内在的摄影，这种照片把人物的内心活动以影像的形式展现出来。**

人物摄影的交流主体和客体都是人。虽然存在着程度上的差异，但不管是艺术照片还是单纯的抓拍，只拍摄人物的外形是没有什么意义的。恰当表现出其所蕴含的内在，才是最为理想的照片。为了使照片表现出内在性，拍摄需要必要的交流和对话。如果说强调外在的摄影的主体多为年轻女性，则强调内在的摄影的主体则多为中年男女、老人、特定职业者等，这是因为通过人物面部表情就可以很好地表现出人物的内在。这就就好像超过四十岁的人，脸上就能看到岁月的痕迹一样。

一脸生活印痕的老人

南海海边上挖鳆鱼的老奶奶

老爷爷和老奶奶的照片是明显表现生活的照片。皮肤质感和表情充分表现出生活的艰辛和岁月的痕迹。

“一个兵的梦”表现的是一个眼神飘忽的士兵的表情。是在回想入伍前和女友的亲密凝视吗？还是预感到过了这个冬天就会有战争来临？以上的照片都是对瞬间自然表情的捕捉。拍摄强调内在的照片，就应该像这样，要把环境和瞬间表情中所体现的思想和生活全都包含到取景器中。

一个兵的梦

# 如何进行人像摄影 03

在按下快门之前，需要先停下来，想想要表现的是哪个部分。是把想要拍摄的被摄体全部包括进来吗？还是要进行一定的裁剪？虽然练习积累了一定的时期后，就能够自然而然地凭直观做这样的事前判断，但是在刚开始时还是慎重操作为好。下面介绍人像摄影的基本方法。

## 01 什么是取景

**取景是指将具有无限大视角的、自然的、人为的空间作为对象，根据自己的意愿把该空间的特定的被摄体范围以取景器进行适当裁减的行为。**

在众人都能看到的复杂场景中，一定存在着能够特别引起兴趣的部分。看到漂亮女子的美丽形态，或者遇到感动的瞬间时，如果想用DSLR快速捕捉下来，不通过取景器对特定部分进行裁减可不行。我们需要决定舍弃哪些部分，以及包含哪些部分。千万不要想着拍摄后，再用编辑软件来裁减，这是错误的想法。在拍摄前对画面构成进行好好的思考，这是非常重要的。

下面的照片就是一个典型的取景混乱的例子。照片没有突出作为主被摄体的人物，背景环境抢先进入眼帘，这种画面构成存在错误。刚开始进行拍摄的人，大部分都很难区分什么是人像照片，什么是风景照片。这是因为想要在一张照片中表现的内容过多所致。下面就来了解一下如何强调与风景相协调的人像摄影的取景方法。

取景1

取景2

如红线所标识的部分所示，应该进行纵向构图取景，果断地把不必要的部分从照片中去掉。根据摄影经验的多少、拍摄者的感觉差异、表现上的解析差异等拍摄者个性的不同，取景的水平会存在着相当大的差异。因此，如果拍出的实际照片和想象中的相去甚远，则除了通过进行正确的取景来调整以外别无他法。在这里需要注意的是，如果只想拍摄自然风景，因为风景是不会跑的，所以可以长时间进行思考画面构成；但如果要拍摄的是以自然为背景的人像照片，则不能够在画面构成上花费过多的时间。

## 02 人像摄影与取景

人像摄影中的取景方法根据拍摄者的个性不同，会有很大的差异。取景失败的原因虽然有多方面，但要探究其中失败率最高的一个，则是模糊取景所透露的不安全感。要拍摄模特的全身？还是某个特定部分的特写？又或是从整体上进行拍摄？这些都需要在拍摄前十分明确。人像摄影的基本取景方法有全景，中景、大半身像、胸像、特写等。

### • 全景

全身的照片，是强调人物全身整体的美丽和姿态的取景方法。

### • 中景

取主体从膝盖开始到脸部的区域，是强调动感的取景方法，但很容易造成模糊取景，拍摄时应格外注意。

全景

中景

### • 大半身像

取主体上半身头顶到腰部的范围，是强调表情并能够渲染一定气氛的取景方法。

### • 胸像

取主体胸部到脸部的区域，是强调表情和渲染气氛的取景方法。

腰像

胸像

### • 特写（头像）

脸部或其他特定部分的照片，可以强调人物的表情或眼睛、鼻子、嘴等的取景方法。

### • 大特写

脸部或其他特定部分充满整个画面的照片，一般用于极度强调特定部分时使用。人物的表情充满整个画面，是适用于强调突出内在的主题的取景方法。

特写

大特写

> tip
>
> **人像摄影的构图**
>
> 在人物摄影中主要使用的是纵向构图。在纵向位置上进行恰当的取景，把人物的头顶和下颌置于适当的空间能够得到相当不错的照片。横向构图可以把人物和周边环境同时收纳于内，可以表现出动感的效果。

## 03 角度与姿势

**大部分摄影入门者，往往会不经过思考就随意改变角度和姿势，不停坐下、站起，自己也不知道为何要做这些改变，却依然不考虑对象的存在，只是一味选择自己方便的姿势进行拍摄。角度和姿势的差异可使最终的照片有着完全不同的效果，一旦明白才会开始慎重对待变换角度。即使是清晰的照片，如果改变角度和姿势，其间的差异也会明显暴露出来。下面来了解角度和姿势的变换会带来何种差异。**

### • 角度

角度是指拍摄的角度。角度的种类可以大致分为以下三类：从高处向下拍摄的俯视拍摄，与被摄体同水平线拍摄的，从低处向高处拍摄的仰角拍摄。下面对角度进行更为具体的了解。

## 1. 俯视

镜头朝下拍摄被摄体的情况，与空中飞翔的鸟的视角类似，也称之为鸟瞰拍摄。这种角度适于脸部特写或表现视线和表情，但一不小心就会把脸拍得很大，因此拍摄时应慎重。如图所示，脸部和身体部分不同比例的组合所带来的效果也大为不同。

俯视1

俯视2

俯视3

## 2. 平视

就是常说的眼高度。和被摄体处于同一高度上，光轴与地面的角度几乎接近于0，这种拍摄角度也称为水平拍摄。以平视拍摄的照片是一般日常所见的画面，更具亲近感，但是相对比较普通。这种角度常用于以标准变焦镜头拍摄近处人物表情的照片或抓拍快照。

平视

平视

3. 仰视

镜头向上的仰角拍摄。根据对近处的被摄体放大、远处的被摄体缩小的影像表现特性，从视角上对高度进行夸张表现。此类男性照片会给人强壮而威风凛凛之感，女性则会表现得身材苗条、腿部细长。这种角度常用于年轻女性的证件照和模特照片拍摄中。应该注意的是，因为使用广角镜头拍摄，会形成严重的弯曲效果，而光轴向中间倾斜，容易造成不自然的照片效果。过度夸张的弯曲会引起抗拒感。

夸张的外形

仰视

## ● 拍摄位置

随着拍摄位置的改变，主体的形态或光线的位置也会不同。拍摄位置是构图的十分重要的要素。人物摄影时，移动DSRL以人物为中心进行环绕观察，会发现有的位置上背景十分复杂，而有的位置上背景会十分简洁。拍摄位置的选取要考虑到被摄体的高度和形态、距离、光，镜头等要素。在类似太阳这种光源位置固定的情况下，随着人物的角度变化，DSLR的照明状态也会不同。即，随着太阳的顺光、前侧光、侧光、侧逆光、逆光等不同变化，人物的立体感或质感等会有敏感的变化。关于这部分将在“05光的选择”章节中进行详细介绍。

## 04 画面构成与构图

**掌握画面的构成与构图可以说是迈向形成具有自己鲜明个性的拍摄风格的第一步。在网络摄影交流论坛上所登载的著名摄影家的照片，仅凭着轮廓印象你就能够判断出是谁的作品，因为他们都具有自己独一无二的风格。即使是主题和素材有些不尽人意的照片，也能够以画面的构成和构图来完成具有均衡感和吸引视线的照片，下面就来了解如何利用画面构成和构图来拍摄漂亮的照片。**

在画面构成中有一些基本的构图类型，能够带来稳定感的三角形构图、具有律动和动感的对角线构图、流动性的S型构图、平行构图、水平构图和垂直构图等。这些基本类型是为了让入门者在开始阶段对摄影有个概括性的认识，在实际拍摄中不可拘泥于此，应该善于融入自己的独创性感受以及具有能够发现素材的双眼。对于通过取景器进行取景的画面构成，如果不能完全依靠自己的感觉和意志进行判断则无法得到好的效果。

在绘画或设计构成中无法忽视的黄金比率经常被引用于照片的视觉效果上。黄金比率虽然好，但如果每张照片都要按照这个行事，则不免太让人疲倦。那应该以怎样的构图进行拍摄呢？为了很好地表现主题而对具有一定结构的画面进行的组织就是构图。根据对线、形态、明暗等要素的不同灵活运用，照片在远近上会表现出不同的感觉和形态。即使没有能够吸引视线的独特被摄体，也能够凭着不同的构图来表现照片的最终不同效果。

复合性构图

### ● 构图的种类

构图的种类可分为横向构图、纵向构图、三角形构图、水平构图、对角线构图等。构图的感觉与主题、被摄体有密不可分的联系。

#### 1. 横向构图

横向构图的优点在于，和我们的双眼呈一条直线排列，有利于观看。这种构图常用于风景摄影中，特别适用于拍摄与宽广背景相协调的人物或强调留白的人物摄影。

横向构图

### 2. 纵向构图

纵向构图经常运用于人物摄影中。适用于表现有纵深的远近感和把天空、人物全部取景时使用。在对人物进行特写拍摄时可以表现出人物的外在变化甚者心理变化。

纵向构图

### 3. 三角形构图

适用于拍摄坐着的人物，适用于，表现具有稳定感和情感描写。

三角形构图

### 4. 水平构图

水平构图和纵向构图相似，具有稳定感和舒适感。需要注意的是，拍摄时尽量不要让水平线和人脸或颈部同在在一条直线上，以免看起来脖子像在画面里与上身一分为二的错觉，让观看者产生不安感。

水平构图

5. 对角线构图

使用于表现方向感、速度感和运动感的照片。如图所示，倚靠在横向伸展的树上的人物看起来人生路漫漫的感觉。对角线构图常使用于体育摄影中。

对角线构图

## • 什么是黄金分割比率?

黄金分割是指理想的面积分配的画面构成。由古希腊中所发现的在几何学上最具协调感和最具美感的画面比率。

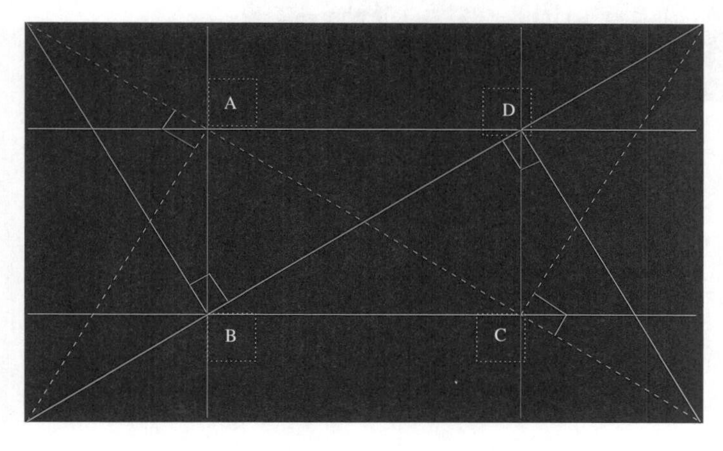


黄金分割比率是指横边和纵边以1：1.618比率进行分割的比率，如图，构成ABCD的4个垂直、水平线就叫做黄金分割线。AB：AD的比率为1：1.618，约等于3：5的比率，找准水平线和垂直线，把主体放置于线上，能够得到具有稳定感和均衡的照片。这就是黄金分割。

随着对黄金分割的追崇，我们日常生活中采用它的商品就非常之多。例如，椅子、窗户、书、十字架、信用卡等都是横向比率采用了黄金分割。明信片、香烟盒以及名片盒等的双边比也接近于黄金比率。大部分的人在选择物品时不管是有意还是无意也都会首选黄金比率。信用卡的横向长度为8.6cm，纵向长度为5.35cm，二者比率为8.6/5.35=1.607，这种制作已经十分的接近黄金比率了。

像照片这种通过视觉来感受美感的对象，虽然色彩的美感也很重要，但在色彩之前，形态美更为重要。形态美则以比例美为依据。即，需要具有“点—〉线—〉面—〉比例—〉形态—〉色”的关系链，才能被感知。下面介绍比黄金分割要简单的三等分割法。

## • 什么是三分法（九宫格）？

相对于数学学问性的、让人头疼的黄金分割法，三分法是一种可以用于简单获取实际构图的构图法。采用点和线把画面分割成三分，效果和黄金分割类似。画面在横向、纵向上被分成三等分，画面上分别生成2个垂直线和水平线以及4个交叉点，把被摄体放置于交叉点中的任何一点上，就形成三等分割构图。四个交叉点A、B、C、D是三等分割点，AD、AB、DC、BC是三等分割线。

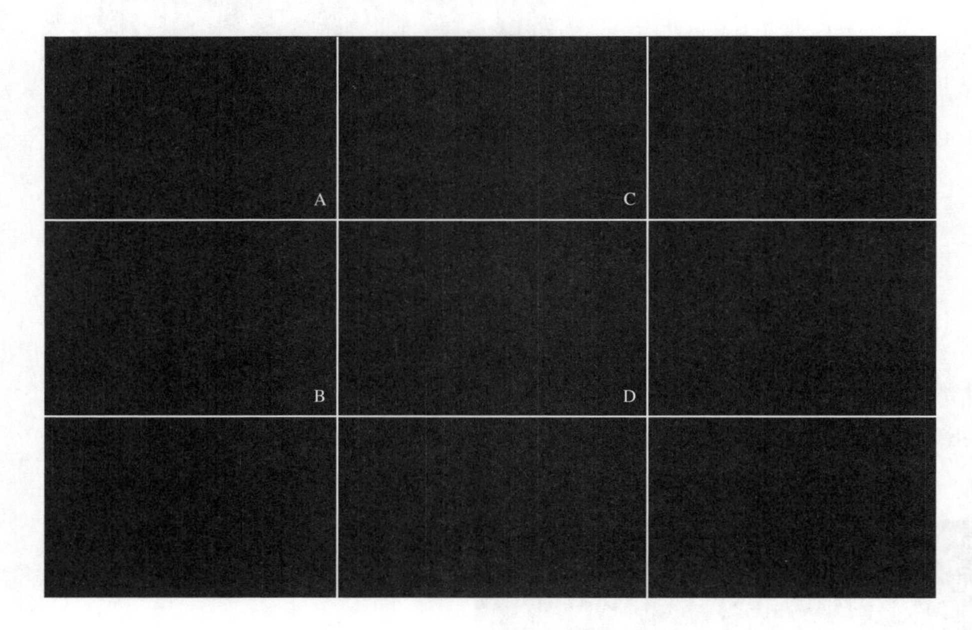

横向分配的三分法照片

纵向分配的三分法照片

水平构图的三分法照片

垂直构图的三分法照片1

垂直构图的三分法照片2

## • 留白

在人物拍摄中，画面构成的要点是要把被摄体放置在最能集中观看者视线的位置上。因此，首先需要在画面上设置一定的空间，即留白。不仅是摄影作品，在所有的艺术表现中留白的美学都是非常重要的要素。适当的布置留白才能够更好的突出主题。

在以下照片中，在与人物的脸部前方留白的话，会使人物更实出，也增加了空间广阔的感觉。

留白适当的照片1

留白适当的照片2

留白不当的照片1

留白不当的照片2

## 05 光的选择

“光就是照片”。不仅是人像拍摄，在所有领域的拍摄中最为重要的因素就是光（光线）。也就是说只有在有光的地方才能进行拍摄。可以毫不夸张地说：根据光线的状态正确选择光线的方向和强弱，做到与头脑中绘制的图像吻合，这样拍摄就已经完成了一半。如此看来，光线可说是决定拍摄质量的一个重要因素。摄影师根据自己的能力选用之一，像是直射的、柔和的、强烈的或是温和的。光线不仅是拍摄的一个重要主体，它还是比照片中被摄体更有趣的内容。

我们可以从几个侧面来分析光这个摄影基本条件的状态。野外人像摄影情况下，光源是太阳，拍摄者要把握光的状态和方向。早晨、黄昏，不同季节，太阳的位置和方向各不相同，因此要用好光，使光线和拍摄意图相吻合。要经过努力和多次试验，使得光的种类、被摄体和其背景、被摄体和光线的状态达到最佳组合。

光的三原色相混合形成白色

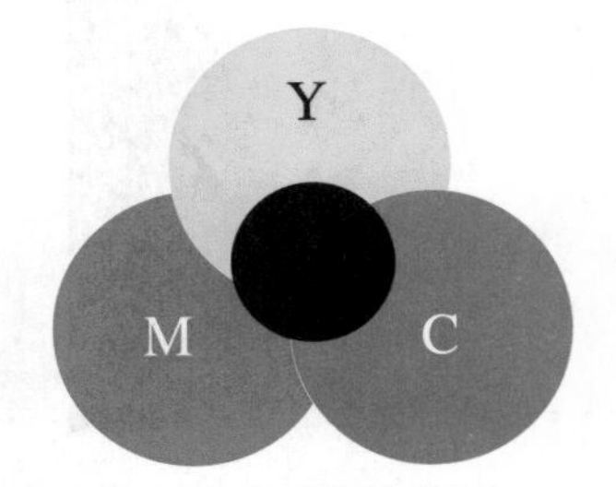


色彩的三原色相混合形成黑色

## • 光的种类

在摄影中，把光称之为照片的全部也不为过。虽然光是这么重要的部分，但在实际拍摄中，还是有很多人对光线认识不足。如果你想得到更为精彩的作品，至少还是要记住几种常用的光线。这是必须了解的，在拍摄中，最常用的光线种类包括自然光、直射光、散射光、人工光等。

### 1. 自然光

是指太阳的直射光线与天空光调和的自然光。晴朗天气的太阳光，色温为5500K~6000K，天气不同温度也不同。

### 2. 直射光

是指晴朗天气的太阳光，未经反射或者未被分散而直接照射的光线。在被摄体的边缘生成较生硬的阴影和高光的部分，使细节表现过于明显，给人以复杂的感觉。直射光用于强调对比，不适合细腻的描绘。

### 3. 散射光

云彩遮挡住太阳。是指分散直射光生成柔和光线的光。因为可以表现出的色彩与肉眼看到的一致，因此在人像摄影中非常有效，也可以生成柔和情调的照片。

### 4. 人工光

是指光量不足或需要特殊拍摄时所设置的人造照明。由于可以随心所欲地移动使用，这种光显得非常方便，它包括充电式闪光灯、摄影专用灯、闪光灯、钨丝灯等。

## • 光的方向

与光的种类相比，拍摄中更为重要的部分就是光的方向。

根据拍摄者所站位置，光的方向可以分为顺光、前侧光、侧光、侧逆光、逆光等。不考虑光的方向便进行拍摄会得到与所想完全不同的结果。拍摄重要瞬间的内容，千万要考虑光的方向后再进行拍摄。

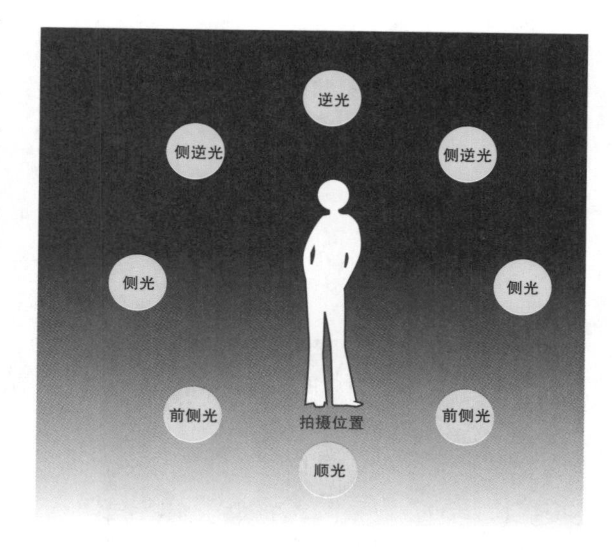


1. 顺光

是指太阳从被摄体正面照射的光线。即，拍摄者背向太阳，被摄体被光线充分照射的情况。这种状态下被摄体整体都很明亮，因此多用于人物照、纪念照和记录照。不过由于它降低了人物拍摄中最为重要的立体感和质感，因此具有单调、平面化的缺点。

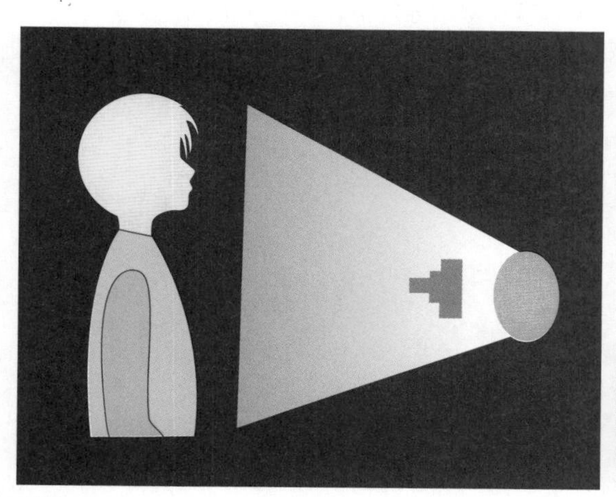

顺光

顺光中拍摄的照片

2. 前侧光

是指构成人物拍摄基本的光线。它是由被摄体正面左右侧45° 方向照射的光线，使被摄体生成适当的阴影，具有强调脸部立体感和质感、美化眼睛、鼻子的特征。在以自然为背景的人像摄影中，早晨、黄昏的低角度照射状态最利于拍摄出好的照片。

前侧光

前侧光中拍摄的照片

3. 侧光

是指由被摄体左右90°左右的侧面照射的光线。被光线照射的部分是亮的，剩余部分是暗的。它适用于个性强烈的照片拍摄时要注意弄不好会拍成阴阳脸。但由于拍摄结果比人眼所看的轮廓清晰，立体感有些夸张，因此并不适合人像摄影。

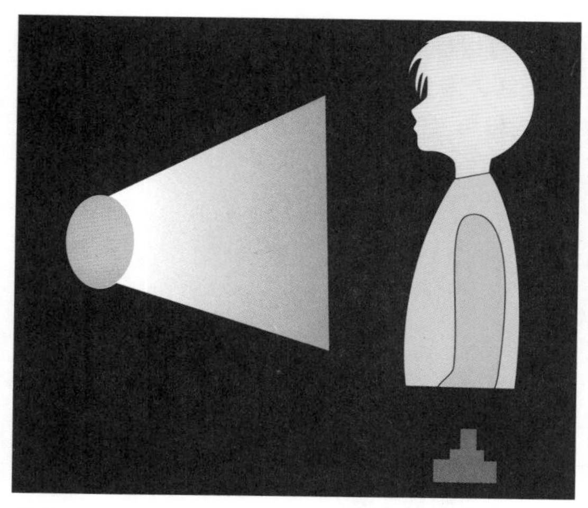

侧光中拍摄的照片

侧光

4. 侧逆光

由被摄体后侧45° 方向照射的光被称作伦勃朗布光。由于它将头发和肩膀部分描绘成美丽的明亮部分，因此常被用于人像摄影中的辅助光。如果不是作为辅助光而是作为主光进行拍摄的话，脸部明亮部分和阴影部分的曝光差会很大，因此要利用开大二档光圈补偿曝光。在野外使用反光板等使光投射到较暗的部分，这样即使不进行曝光补偿也可以得到满意的效果。

侧逆光

侧逆光中拍摄的照片

**参考** 侧逆光英语表示为“Rembrandt Light”。这是因为17世纪巴洛克美术巨匠伦勃朗最早将侧逆光应用到绘画中，并在西洋美术史上留下了不朽的名作。摄影中所引入的侧逆光已经成为很多摄影师乐于运用的一种光线。

5. 逆光

是指太阳从被摄体的后面照射时的光线。逆光状态下可以描绘单纯的图像，因此多用于人像及艺术作品拍摄中。专业摄影师比摄影爱好者更喜欢这种光线，因为它能够描绘出被摄体的侧面影像，其表现富有艺术性。不过需要记住的是，根据太阳的位置和角度的不同，曝光变化很大，表现的结果也会有很大不同。同侧逆光相似，当作为主光进行拍摄时，一定要进行曝光补偿或是利用辅助光，调节明亮的面与阴影部的曝光差异。

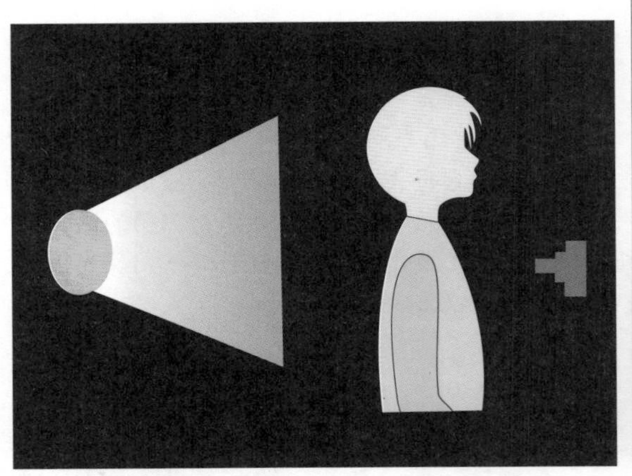

逆光

逆光中拍摄的照片

tip

**轮廓光**

轮廓光是逆光的一种，它所描绘出的是：早晨或黄昏，较低的太阳光线由被摄体的后方照射过来，使头发、身体的轮廓构成美丽明亮的高光线条。若想在照片中更有效、生动地运用轮廓光，需要选择较暗的背景并用反光板进行补光。轮廓是描绘梦幻般影像和女性摄影时最佳的光线之一。

### 6. 顶光

由被摄体头顶上方照射出来的光线被称作顶光。顶光作为单一照明使用时是一种难于驾驭的光线，人像摄影情况下突出部分如鼻子会变得特别光亮，鼻子下方还会出现难看的阴影。顶光是拍摄拥有透明翅膀的昆虫时，为了表现翅膀的透剔感而使用的光线，是人像摄影中所要避开的一种光。

顶光

顶光中拍摄的照片

### 7. 脚光

是指由被摄体下方射出的光线。记得小时候经常会把手电筒放在下巴下往上照，使得整个脸变得非常恐怖。这种光线使得被摄体的脸部生成不自然的阴影。制造像恐怖电影画面那样阴森、怪奇气氛时常使用这种光线这种用好了可以加强现场感。

脚光

利用脚光拍摄的照片

**● 光的表现**

太阳一年四季按照固定的轨道运行。这就不能像摄影照明灯一样随心所欲地移动，但根据拍摄者的技巧可以得到多种效果。为了得到最好的照片，在野外拍摄时，要仔细观察太阳的方向（角度）和光的状态，选择最适合人物的位置。顺光情况下得到的照片是缺乏立体感的平凡的照片。不同的被摄体，其立体感也不同。抛离顺光状态，当太阳开始照射被摄体的其他面时，立体感会一一呈现出来。这时被摄体开始出现阴影。太阳继续向后方移动至逆光状态，即可拍出剪影像。

剪影像

tip

## 剪影

是指18世纪时用剪子裁剪黑色的卡纸并将其粘在彩色垫纸上所成的剪影抽象画。后来，这个词成为泛指所有事物轮廓线的话语，现在是指大致显现人物或其他物体外观轮廓的图画。特别是多作为服饰用语使用，目前也指除服装细节部分设计之外的轮廓和外形。

1. 逆光

由被摄体后方射过的光线被称作逆光。由于它突出表现了被摄体的轮廓线，因此也被称作轮廓光。逆光多用于日出、日落等时间，人像摄影中常会戏剧性地出现轮廓光。不过，在光线强烈时脸部缺乏质感，因此需要使用反光板。逆光照片在早晨或傍晚进行拍摄效果最好。风景摄影中使用逆光会让人感觉回到了以前的岁月中。

2. 强逆光

人像摄影中接受强逆光时难以体现脸部的质感，因此要使用辅助光。不过若是不强调准确性或记录性，只传达感觉的照片，只需表现侧面影像或简单细节即可。强逆光便可创造出具有某种象征性的特殊的作品。

3. 侧逆光

光源的角度在被摄体后侧45°左右的光。与前侧光相反，它所照射的被摄体，1/4~1/5是亮的，3/4~4/5是暗的。侧逆光是摄影家们广泛运用的光线，因为在风景和人物拍摄中强调明暗对比，会有戏剧性的表现。使用早晨、黄昏时柔和的光线更能发挥人物身上的亮点。光线强烈时要用反光板等提供辅助光。

## 06 曝光

利用快门和光圈调节光量被称作曝光。决定曝光的光线通过镜头的光圈到达胶片或传感器。到达传感器的光量最为适合时我们称之为正确曝光，与正确曝光相比光量不足为曝光不足，光量过多则是曝光过度。虽然曝光正确当然好，但根据被摄体的状态，曝光不足和过度曝光有时可能会更好。曝光随季节和时间、气候和感光度、场所和光线的方向这些因素的变化而变化。关于曝光的详细内容我们已在Part 01中进行了介绍，因此在这里只是通过照片对实际照片拍摄中的相关内容进行比较。

### • 依据光圈的曝光变化

人们睁大眼睛或眯起眼睛的话，物体的明暗会发生变化。与此相似，如果缩小光圈的值，进入的光减少，照片变暗；打开光圈，光线增多，照片也会变亮。

曝光不足，f8, 1/250 s

曝光适度，f5.6, 1/250 s

曝光过度，f4, 1/250 s

tip

曝光一览表（ISO100）

| 快门 / 光圈 | 快门速度（单位：s） | | | | | | | |
|---|---|---|---|---|---|---|---|---|
| | 1 | 1/30 | 1/60 | 1/125 | 1/250 | 1/500 | 1/1000 | 1/2000 |
| f1 | 0 | 5 | 6 | 7 | 8 | 9 | 10 | 11 |
| f1.4 | 1 | 6 | 7 | 8 | 9 | 10 | 11 | 12 |
| f2 | 2 | 7 | 8 | 9 | 10 | 11 | 12 | 13 |
| f2.8 | 3 | 8 | 9 | 10 | 11 | 12 | 13 | 14 |
| f4 | 4 | 9 | 10 | 11 | 12 | 13 | 14 | 15 |
| f5.6 | 5 | 10 | 11 | 12 | 13 | 14 | 15 | 16 |
| f8 | 6 | 11 | 12 | 13 | 14 | 15 | 16 | 17 |
| f11 | 7 | 12 | 13 | 14 | 15 | 16 | 17 | 18 |
| f16 | 8 | 13 | 14 | 15 | 16 | 17 | 18 | 19 |
| f22 | 9 | 14 | 15 | 16 | 17 | 18 | 19 | 20 |
| f32 | 10 | 15 | 16 | 17 | 18 | 19 | 20 | 21 |

## 依据快门速度的曝光变化

如果将光圈比喻成睁大或眯起眼睛的话，快门速度便可说是眨眼的速度。快速或缓慢地关闭，随着速度的不同，光量也发生了变化。

曝光不足，f5.6, 1/250s

正确曝光，f5.6, 1/125s

曝光过度，f5.6, 1/60s

## 测定曝光的方法

测定曝光的方式大致可以分为两种，即入射式和反射式。DSLR的内置曝光器为反射式，入射式顾名思义是由传感器直接测定光线，测定值较为准确，因此多用于摄影棚测光等。不过入射式需要放在被摄体正前方进行测定，所以要受到空间的制约。我们主要使用反射式测光表，这里存在的问题是光反射进入传感器时，由于颜色不同反射率也发生变化。

以自然灰（灰色）的18%为基准，其他颜色或是稍有不足，或是稍微过度。代表颜色为白色和黑色。举例来说，白色情况下测定亮点或中央中心测光时，从DSLR传感器表示正确曝光的位置增加+2档就是正确的曝光。这不是测光表出现错误，而是DSLR曝光器自身的限制。出于种种原因，比起正确的+2来，一般会进行+1~+2的包围式曝光。

<table>
<tr><td rowspan="5">黑<br>3%<br>-2.5档</td><td colspan="4">灰<br>18%<br>平衡</td><td>浅灰<br>36%<br>+1档</td><td>白<br>93%<br>+2档</td></tr>
<tr><td rowspan="2">深蓝<br>9%<br>-1档</td><td rowspan="2">翠绿<br>12%<br>-0.5档</td><td>绿<br>18%<br>平衡</td><td rowspan="2">浅绿<br>24%+0.5档</td><td>黄<br>36%<br>+1档</td><td>浅黄<br>48%+1.5档</td></tr>
<tr><td>蓝<br>18%<br>平衡</td><td>天蓝<br>36%<br>+1档</td><td>浅蓝<br>48%<br>+1.5档</td></tr>
<tr><td rowspan="2">紫<br>9%<br>-1档</td><td>棕<br>12%<br>-0.5档</td><td>红<br>18%<br>平衡</td><td>橙红<br>24%<br>+0.5档</td><td>粉<br>36%<br>+1档</td><td>淡粉<br>48%<br>+1.5档</td></tr>
<tr><td colspan="3"></td><td>浅紫<br>36%<br>+1档</td><td></td></tr>
</table>

曝光补偿表

上表中的色调意味着所有被摄体的色调。也就是说，当被摄体为表内所提的颜色时，在DSLR测光表指出的值中，按照表内标示的值对曝光进行补偿。不过中间部分的灰色、红色、蓝色情况下，没有标示“+、-”的数字，只是标记为18%。这是因为这些颜色的反射率就是作为基准的18%。DSLR的设计就是不管什么颜色都与基准反射率的灰色对准，然后调节摄影的亮度并进行拍摄。DSLR的测光器被称作色盲，它不能区分任何颜色，只能辨别由色彩反射的亮度。

如果被摄体的大部分是由这三种颜色中的一种色彩构成，或者被摄体的一部分中有特定颜色，针对该色彩进行亮度测光并拍摄的话，照片会保持原有亮度，这里没有曝光补偿的需要。这是因为这个亮度就是DSLR测光器决定亮度的基准点，即它就是标准。对于其他颜色，举例来说，当被摄体的大部分为黑色时，DSLR测光后会判断“对象过暗要拍的稍亮一些，应与基准色为18%的灰色对齐”，于是试图生成灰色，造成拍摄时的亮度要比测定的亮度高2档。因此，如果要保证拍摄出的结果仍为黑色的话，就要对曝光进行-2档的补偿。当被摄体为白色时，因为判断其过亮，所以会调暗2个档，这样我们在拍摄冬天雪景时，如果不进行补偿，照片中的白色会暗很多。

这时按照曝光补偿表所示+2进行曝光补偿后拍摄的话，照片中的白色便与实际相同。其他颜色所对应的补偿率也是运用了相同的原理。即，DSLR所感知的不是各种颜色本身，而是颜色所对应的反射率，对该反射率及18%反射率之间的差异会进行自身补偿，将此差异恢复为原样即可得到本来色彩。上表示一张显示这些差异为多少的图表，要根据它进行曝光补偿后再拍摄。

简单来说，就是亮的被摄体要正补偿得更亮（+）再进行拍摄；而暗的被摄体要负补偿得更暗（-）后进行拍摄。再举一个例子：紫色的反射率为9%，曝光器所测定的值比18%的灰要暗1档，DSLR要得到18%的结果就要调亮1档，这样如果你仍想拍出原来的色彩就要进行-1的补偿。

tip

### 测光相关用语

• TTL测光：TTL为“Through The Lens”的缩写。是指一般反光式照相机中对通过镜头的光的亮度进行测定的反射式测光系统。

• 档：指光圈数值或者快门的单位和刻度。举例来说：将刻度由f2.0改变成f2.8，则光圈的值被调整1档。光圈值和快门速度是同样的原理。

• 曝光补偿：一种确保准确曝光的技法。以略微不同的曝光设定作补充。测光表是按照测光反射率18%来进行设计的。白色或黑色背景下的曝光与之不符。为了在拍摄时适度曝光，可以不按照DSLR内置曝光器的测定数值进行拍摄，而是由拍摄者根据需要调节曝光值，进行正补或负补，然后再进行拍摄。

## 07 动感和质感的表现

好照片中总有些东西给人以特别的感觉。这个东西是什么呢？这就是“充满活力的照片”。对一个摄影师来说，没有比评价自己作品有活力更高的称赞了。照片有活力是因其充满了动感和质感，而这些是由形态和结构、恰当的用光和景深决定的。

### ● 最佳瞬间

快门还有个更为重要的作用。这就是不同的拍摄方法对同一运动物体的描绘不尽相同。摄影与电影的的区别之一就是在静止画面上展现运动的物体，而如何使物体看起来有动感，这种描绘方法对动感的表现是非常重要的。动感，是根据快门速度的快与慢来表现不同的效果。以右侧奔跑着的孩子这张照片为例，因为快门速度较快，所以表现得是一格没有动感的静态形象；如果将快门速度调慢的话，便可表现出胳臂和腿的晃动。

最佳瞬间和快门速度的选择是一个要不断思考的问题。需要根据“让被摄体静止、让被摄体晃动、让动感成为亮点”等多种表现手法，不断动脑子思考。最佳瞬间还有更重大的意义，就是在照片内容表现上要抓住最恰当的瞬间。对被拍摄的对象来说，是按下快门的时候，永远也不会再重现的瞬间，由此可见这个瞬间也可被称为“决定性瞬间”。

静止的动感捕捉1

静止的动感捕捉2

静止的动感捕捉3

### • 质感的表现

使照片看上去栩栩如生的描绘力为拍摄带来了丰富的趣味。虽然你可以学习多种应用方法或特殊技术，不过最为重要的课题还是要熟练掌握一种最接近真实的拍摄手法。运用这种手法可以忠实地描绘出对象，这便实现了拍摄的本来目的。特别是锐利地描绘人物的质感要接近人物的本质，这样摄影师可以以被摄体为母体将自己的想法视觉化。

锐利地描绘人物的质感是只有摄影才能实现的表现手段。为了准确描绘质感，要做到对焦准确、用光讲求和色彩正确。

人像摄影或人体摄影强调对皮肤质感的描绘，照片所具有的真实性大部分是由质感描绘这一特性所决定的。与形象、结构的情况一样，出色描绘出质感的照片同样可以表现出栩栩如生的效果。强调质感还可以为主题赋予立体感。拍摄特写时也可以将质感作为一个结构来把握，从而拍摄出意兴盎然的照片来。

DSLR除了能够再现人眼所见的物体外，还能在画面中表现出异常的厚重感和细节，这样的能力为DSLR增添了让人感动的乐趣。DSLR可以超出人眼的精确度，这也是摄影的特性。运用锐利表现拍摄对象的功能可以描绘出质感，决定要拍的位置、正确选择被摄体景深则可以在照片中表现出拍摄对象所具有的生命力和存在感。有一个很小的秘诀：为了找准焦点、防止DSLR的抖动，要尽可能地使用三脚架。

完美表现质感的照片

Special Page

## 思考：公园里与老摄影师的对话

这是与一次单独外出拍摄时遇到的老摄影师之间的对话。在那个想要得到所需照片而绕回来的路口……。他是一位在公园入口拍摄一次成像及用胶片相机纪念照片的人。岁月的风波在他身上留下了痕迹，深深的皱纹与破旧书包里的设备显示出他现在的生活。所谓设备也不过是一台立拍得相机，还有记不清型号的佳能旧型胶片相机和它上面的罩都快成为废品的机套以及20mm的广角镜头。

不知是不是因为刚刚入秋，老摄影师不停地扇着扇子。看着他我不禁想到：那个人对于摄影会与什么样的看法呢？我执著于这个想法，不禁又迫切地想去问他（我的最大缺点就是好奇）。于是，在犹豫了一会儿后，我终于鼓起勇气向说了话。

[我] “老大爷，今天照了很多照片吧？”

[摄影师] “没有，今天又白费劲儿了，呵呵。”

[我] “最近没有什么人照相吧。”

我悄悄地走到老摄影师旁边坐下。

[摄影师] “现在的人呀，那个数码相机还是别的什么玩意儿，没有这个东西的人可不多见了。”

[我] “是啊。”

[摄影师] “以前收入还不错，现在不行了。人老了，做的事年轻人都不喜欢。”

从摄影师脸上的表情可以看出他已经沉浸到对过去的回忆中了。那时候顾客很多，挣的钱也很多。在聊天过程中，他一直盯着我的相机。不管年轻、年迈，搞摄影的人总是关注照相设备的。

[摄影师] “这个看上去不错，快让你倾家荡产了吧，呵呵。”

[我] “嗯，没少被孩子他妈骂，嘿嘿。”

[摄影师] “这样啊，摄影也要花不少钱吧。胶卷很贵的。嗯，这个从哪儿放胶卷呀？”

[我] “啊！这是数码相机。”

老摄影师的脸一下子红了，他盯着我，多少有些不满，用激昂的声音说道。

[摄影师] “你是搞摄影的吗？”

[我] “这只是我的兴趣爱好。-.-”

[摄影师] “为了兴趣而拍照？我们那时候是为了生存才拿起照相机的。”

在数码相机充斥的今天，生计受到威胁的现实使他对所有数码相机使用者都有些不满。而且在照相这个自己的领域，数码相机对他来说是既陌生又不愿接受的新事物的。气氛突然紧张了下来。我赶快将谈话引到了其他方向。即使是众所周知的事情，老人们也希望你来问他，如果你在他说完后适当地配以“啊！噢！”等感叹词，那么不需要你问，他也会滔滔不绝地说下去。

[我] “……”

[摄影师] “数码相机拍出来的照片缺乏厚重感，我从不用它当照片。一显影就能分出高低，这一点只有胶片才能办到。”

虽然我想说“数码相机也很好，就像胶片相机那样”，但最终还是忍住没说。

[摄影师] “真正喜欢摄影的人，这样的东西你给他几百台他也不会喜欢的。”

[我] “嗯，是的。”-.-

[摄影师] “你要是真喜欢摄影就不要用它了。”

[我] “啊？”

[摄影师] “我说的是摄影，不要把它想得那么简单。用我的相机拍照，连被摄者的心灵都可以反映出来，这才是摄影。数码相机可做不到这一点。”

[我] “是。”

“用我的相机拍照，连被摄者的心灵都可以反映出来”，这句话如雷贯耳。对这个衣衫褴褛的老人来说，摄影不仅仅是用来赚钱。我能感受到他不希望随意看待摄影、认为只有胶片才是照片的自尊心。最后我希望得到老摄影师的照片。

[我] “老大爷，我能为你拍张照片吗？”

[摄影师] “拍照？给我吗？呵呵。”

老摄影师不好意思的表情显得那么可爱。记忆中都是自己给别人照相，很少有人会给自己拍照，他开心得笑了。

[我] “是啊，我会把您照得很帅的。”

老摄影师认真地整理了装束，然后摆了一个比较生硬的姿势，一看就知道他虽然会给别人拍照，但自己却很少照相。“一、二、三”，咔嚓，咔嚓。我和他约定下次一定把照片选出来给他，我将永远记住他的话。我向着老摄影师的背影说：“好的，我要用我的相机反映被摄者的心灵”，“你要保持健康，永远永远。”

# 摄影必备要素 04

摄影所必需的要素非常多。这里我们将通过拍摄清晰照片的方法以及人物摄影时复合的要素，向大家介绍构图、光、曝光以及色彩选择的方法。

## 01 拍摄清晰照片的方法

**对于摄影师来说，拍摄清晰的照片是最基本的，但这并不是一件容易的事。不管你拥有如何高级的设备，如果不能正确地对焦、快门速度、光圈值及ISO值等数据，就不可能获得清晰的照片。从现在开始，我们便来介绍拍摄清晰照片的方法。**

### ● 要找好焦点

虽都希望拍摄出清晰、简洁的照片。每个人都在努力，力求拍出像电影明星或广告中那样看上去格调高、画面清晰的照片。但这比想象中要难很多。为什么会这样呢？原因便在被称作“照片拍摄基础”的焦点。根据我们了解的相机稳定使用方法和安静拍摄方法，只要将DSLR很好地固定在三脚架上，使用预提反光镜、快门线，便可以拍出焦点清晰的照片了。当然，当拍摄时间比较充足的情况下，如拍摄风景照片时，这种方法对任何人都适用；但时间不充足的情况下，很容易未对准焦距便进行拍摄，结果可想而知。而这时你还不知道自己的错误，一直在想“为什么我拍的照片还是这么模糊呢？”，所以我们要养成留出充足时间对准焦点的拍摄习惯。

对焦不正确的照片1

对焦不正确的照片2

## 设备一定要好吗?

专业人士使用的设备当然比业余爱好者的高级，或许是由于他们要通过拍摄来挣钱才拥有高级设备吧。虽然设备存在着程度上的差异，但并不能说专业人士是因为使用的设备高级所以拍出的照片才比别人清晰。用普通的设备也能拍出清晰、美丽的照片。那么“我的拍摄有什么问题？”当然，最大的原因便是在掌握对焦的能力上存在着差异。从能否正确对焦可一眼分出谁是高手、谁是初学者。减少DSLR的抖动和准确曝光，同对焦一样是一个细致的技术。对于初学者和女性来说，仅用胳臂支撑沉重的设备会略显吃力，若想拍摄清晰的照片，最好使用三脚架。

对焦正确的照片1

对焦正确的照片2

## 要了解光线!

拍摄清晰照片所要了解的下一个课题是光线。晴朗的日子里，不刺眼的清爽的光线是最好的。在柔和、透明的光线中所看到的被摄体非常清晰，其质感与立体感也易表现出来，这些我们在光的选择部分中会进行详细的介绍。好的光线即可拍出清晰的照片。

“模糊照片1”和“模糊照片2”的拍摄时间是下雨前满天乌云或光量不足的时候，照片整体氛围灰暗、非常混浊。若想得到清晰的照片，最好尽可能地避开在这种日子里拍摄。

模糊照片1

模糊照片2

雨后晴朗的上午或是散射光照射的日子最适合人像摄影，它可以按照你看到的颜色表现色彩，拍出的照片也会柔和、很有气氛。换句话说，就是用平常的光线拍不出有特色的照片。

光线明亮的照片1

光线明亮的照片2

## 准确曝光

测定曝光一般可利用DSLR的内置测光器、反射式测光表、灰卡等。虽然完全靠感觉的大有人在，但对于某些场面，准确的曝光可能只有一个。某一状况下，一个光圈值、一个快门速度值只能生成一个准确的曝光值。为了弥补这一点，可以进行包围曝光。不过，如果胡乱地以1档为单位进行调节，有时什么帮助都没有。如果要保证色彩和氛围的真实性，最好在+、–1/2档内调节。

曝光不准确的照片1

曝光不准确的照片2

**参考** 更详细的内容请参考曝光部分。

右侧照片是以快门速度1/1600 s、1/3200 s拍摄的曝光不准确的照片。在拍摄几乎静止不动的人物时，虽然根据天气会有些不同，不过大体上快门速度不要超过1/500 s。

曝光正确的照片1（出处：300Dclub 朴英基）

曝光正确的照片2（出处：300Dclub 朴英基）

情况不同，准确曝光的测定会出现很多条件，因此要用一句话解释清楚这个问题非常困难。顺光或类似情况下，准确曝光可能只有一个。但逆光情况下，因为对准确曝光的标准把握受到主观表现的影响，因此想得越多只会让脑子越乱。假如是普通爱好者的作品，决定曝光会相对容易；不过若是想达到广告作品那样完美的境界，曝光就要相当准确了。衡量曝光准确的照片的标准是：画面整体曝光是否均匀、色彩和质感是否再现真实。如果曝光不准确，则颜色的明度、彩度、纯度都会出现异常。彩色照片的生命源于对色彩的再现，而充分再现色彩则要依靠准确的曝光了。

拍摄清晰照片的方法整理如下。

① 一定要用三脚架支撑DSLR进行拍摄。

② 曝光要完全准确，若想主体突出，就以主体作为曝光依据若使整体栩栩如生，要等待光线直照到整体，明暗的曝光差在1档以下。

③ 如果不通过曝光差异发挥主题，则要制造颜色或其他部分的差异。

④ 对焦要完全正确。

⑤ 预提取景器反光镜、快门线是必需的。

⑥ 平静的心态是非常重要的。

## 02 人物照片的复杂要素

**总结了前面所说的人像摄影的所有复杂要素，介绍时会力求使大家更易理解。**

在同一地点拍摄的人像摄影，根据构图、背景、光线、服装等的不同，其结果也会有所不同。背景是南怡岛，DSLR为佳能300D，镜头是佳能70-200mm f2.8，模特是笔者终生的模特。

是因为第一次拍照吗？还是因为人太多了吗？照片拍的相当不自然。从现在开始要尝试多种方法，练习拍摄好照片了。

对拍摄要求生涩的模特

## • 从构图开始!

右边的两张照片构图有问题。不管三七二十一，随便拍几张就硬说这是“我自己的构图”。即使你想这样做也千万不要忽视基本的架构。你可以选择黄金分割或某一构图作为自己喜欢的公式。当然，构图是拍摄者自己的问题，构图要根据氛围表达出自己的意图。人像摄影中并不是说都要以眼睛的高度为基准。这张照片有些地方不自然。这是因为头上方什么东西都没有，看上去整个构架都向下移动了许多。那么我们再拍一次。

这次我们不再与模特保持同一高度，而是选择略低的角度。可看上去还是别扭。到底是什么问题呢?

不适当的构图

错误的画面构成

参考 将模特定位好后不要思考太长的时间。模特的性子急躁或是天气过热时更是如此。这种情况下当然拍不出好的感觉了。

右侧布局

宽大的背景

强调侧逆光

这次选择横向构图。作者认为效果略好些。根据留白移动人物。

## • 要留心检查光线!

还必须留意由头顶上方照射的光线。光线不是落在人这一侧而是落在红叶的方向。拍摄中占据重要位置的就是光线。人像摄影中，在取景框内只用人物填充或是只强调人物并不是核心所在。真正的核心是根据主题表现需求，考虑光、背景和色彩。还要考虑模特服装与风景的和谐。当然留白的活用也很重要。这次让我们转移到旁边的小树林去。

强调红叶部分的光线1

强调红叶部分的光线2

宽大框架内光的布局

强调人物线条

### 也要考虑色彩!

这里所说的色彩是指作为主要被摄体的人和背景和谐的色彩。首先要考虑人物的衣裳。从照片上看，模特的衣服颜色和红叶的颜色非常协调。假设模特穿的是黑色、或者白色，或者是黄色系列的衣服，那么显然与绿色的背景、红色的枫叶不相配了。

与红叶颜色协调的人物的服装1

与红叶颜色协调的人物的服装2

与红叶颜色协调的模特的服装3

参考 将焦点对在模特的服装和背景协调的地方。随处调焦并不能拍出好的照片。

现在已经移到了充满绿色的小树林里。像前面内容所介绍的，现在我们开始综合应用色彩、构图、背景和光线。

画面中人物的位置1

画面中人物的位置2

留白的活用1

留白的活用2

色彩的对比1

色彩的对比2

画面的构成

适当的光线选择

表情自然的照片

上面的照片几乎都是低角度拍摄。不会有人固执地在树林中运用俯摄角度吧。

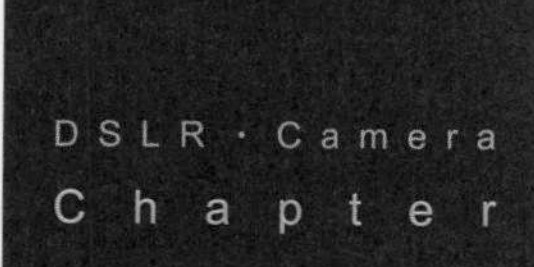

DSLR · Camera

Chapter

08

# 自然与人类相和谐！风景摄影技巧

眼前展现的雄伟、壮丽的风景，如果只是欣赏，那属于个人收藏，多少显得有些自私。美丽的风景，不仅要自己用眼看、用心感受，还应该将自己的感动传达给别人。这就是一个热爱风景、真正热爱拍摄的摄影人的姿态。大部分人都不会满足于只是去看，他们都想用照片将当时的风景珍藏起来。不过没有准备盲目去拍将会一事无成，请大家记住详尽的准备是获得好照片的秘诀，同时也希望大家能够详细阅读风景摄影的拍摄方法。在本章中我们将从风景摄影的基本装备的设置方法入手，然后按照不同素材、不同对象加以细分，介绍时会将重点放在实际操作而不只是理论。同时还会提供案例照片的拍摄信息，使即使是初学者也能轻松理解。

Section

# 什么是风景摄影 01

以自然的或人工的景象为主题拍摄的照片就是风景摄影。它可以分为几个领域。以自然风景为首，可以分为都市风景、农村风景；以表现目标划分，又包括旅游摄影风景、报道照片风景、记录风景等，内容多种多样。因而拍摄中有关接近对象风景的方法也各不相同。客观地表现出场所或场面的美丽是旅游摄影的核心；报道类风景和记录类风景则是以是否正确地反映出现场的事实为先决条件。不管怎样，客观性都是一个重要的因素。大部分风景照片的中心都是自然，池塘、海边、红叶、波斯菊、美丽的郊外等都是刚刚接触摄影的人最喜欢拍摄的题材。仔细观察我们的周围，从路边的花草树木到山坡、海边、湖水……自然的美好景象就是最普遍的素材。也就是说，风景摄影就是将自然、田园、风景、名胜等作为美丽的被摄体并配以作者的诠释。

## 01 风景摄影的表现手法

**风景摄影也是创作，当然也会因拍摄者对被摄体的思考和心态而发生变化。极端地说，由于每个人的感受不同，对同一场所、同一被摄体，不同的人会拍出不同的照片。让我们了解一下风景摄影中应该蕴含哪些内容。**

感受风景的心态是指有别于别人只有自己感受到的。反过来说，也会有自己没有看到而别人看到了的情况。即使看到眼前所展现的风景，随着不同的心情也会有不同的情感。同样的风景，有的人看了会觉得感动，有的人看了没有任何感觉。这种情况跟各自的心情有关，而这样的差异也正是风景摄影的妙趣所在。

首尔奥林匹克公园全景

拍摄风景的摄影师是否将自己的感动准确无误地传达给欣赏照片的人，取决于在按下快门的瞬间是否将自己的感动正确地记录了下来。不管谁来拍都不会有任何变化的风景照片是旅游摄影或类似明信片的照片。这种照片不能说它不好，因为它侧重客观性，它自有它的用处。

还是希望刚刚从事摄影的人去拍摄那些大家能感觉到美丽并普遍理解的照片，而不是去拍有人理解而有人不理解的主观性较强的照片，多拍些解释类的照片。

平时积极追求风景的人会发现，换种心情，即使是同样的景色也会发现新的画面。风景拍摄可以从被摄体本身获得好的作品，但与之相比更需要把握的是看怎样构思和拍摄才能把感受到的被摄体中的某些东西将它正确地表现出来。

雾气笼罩的大关岭牧场

“有主题的照片”的最大魅力就是确立了拍摄目的，创作属于自己的作品。风景摄影按照这样的目标进行是最好的，在开始拍摄时一定要设定具体的主题并确立一定要拍这个内容的明确目标。设定目标，将自己的意志通过作品表现出来。风景摄影中要选定一个明确的素材。举例来说，设定了“拍摄水雾弥漫地方的红叶”这样一个目标后，就要在那个地方一直等到出现这样的瞬间。当然，并不是所有目标都能够按照预想的那样实现。拍摄前所思考的条件，大自然不一定会提供给你。所以要根据被摄体的状态培养应对的能力，最好能够在预期素材未能实现时有一个后补主题可以进行转换。

## 02 什么是完美的风景摄影

**完美的风景摄影是指那些看过之后会自然而然地由内心发出赞叹的照片。也就是说一定要把拍摄者内心潜在的美好表现出来。不管看到多么漂亮的风景，如果未能真正感觉到它的美丽的话，就没有任何理由拿起DSLR。只有自己觉得美丽的风景才有可能让别人也感受到它的美好。下面我们就通过案例来了解什么是完美的风景照片。**

### ● 感觉完美的照片

完美的风景摄影中一定要包含某些特别的东西。颜色光彩照人、或者是罕见美丽的风景、再或者是绝妙构图中体现的别致风景，这样的照片本身就非常美丽了。

清爽的天空、清澈的云朵、平静的海面，希望能让你感到身临其境并有种舒畅的感觉。

色彩逼真的韩国东海市的锥岩的夏天

右边的照片是笔者最为珍惜的照片之一。虽然风景看上去很普通，但仔细欣赏的话可以发现其中包含了很多内容。

就像题目“童话般的风景”一样，照片中新、旧两种事物得到共存。荞麦田前面，一位手拄拐杖的老爷爷慢慢走过，在他后面跟着一个拿着手机的女孩。韩式传统瓦房和电视天线、茅屋屋顶和红色的柿子树，这些不仅充满了抒情的气氛，还让人感受到现代与过去的巧妙结合。

童话般的风景

如果抛离风景摄影必须使用广角的固有观念，就会看到另外一个全新的世界。如照片所表现的那样，使用长焦镜头拍摄有特色的局部也是拍摄好照片的一个方法。不要看得那么宽广，只是剪切一部分来看也会有独特的风景。

利用长焦镜头拍摄的照片

## 人物也可以成为风景摄影的一部分

风景摄影只能有景色吗？有的人甚至认为“风景中不应该有人物”，因此一直等待着没有人在画面的景观。这里要明确地说“人物也可以成为风景摄影的一部分”。

如图所示，一定会有人想着要拍一个绿油油的绿茶田而等待田里的人快点离开。也就是说这些人并没有想到要把绿茶田里的人也恰当地拍进照片。试想一下，如果照片中只有绿茶田而没有人的话，那就会像少了什么东西一样，整张照片显得冷清无比。

绿茶田里的人们

拍摄以夕阳为背景的秋收场面。以侧面影像出现的拖拉机和农夫的身影充满了抒情的韵味。

夕阳中的农夫

东海市的锥岩本身就是一道靓丽的风景，大胆地将人物作为风景的一部分添加到照片里，会给人留下独特的记忆。

所谓完美的风景摄影并不是指人为作假的照片，而是通过色彩、构图、蕴涵的独特内含来将所看到的东西完美表现出来的照片。应该注意培养这方面的能力。

锥岩和女人

Section

# 如何拍摄风景照 02

下面我们来了解一下美丽的风景照。现在我们就通过例题介绍将眼睛所看到的美丽景观如实拍摄下来的方法以及一些实际拍摄内容。

## 01 风景照的取景

**所谓构图就是指如何构成画面。将宽广的风景剪切到一个四方形的框中并在一个平面上所形成的图像就是照片。因此，要想将眼睛所看所感的东西更强烈地表现出来时就要提出构图这个问题。选择要将那些地方如何放置在四方形的框中就是取景。在拍摄中，取景是左右照片意义和氛围的一个重要因素。特别是风景摄影，说“取景就是照片”也不为过。**

### ● 取景

所谓取景就是决定如何将被摄体反映到画面上。这里要与拍摄后剪下所需部分的剪裁进行严格区分。虽然DSLR的一个优点是能够在拍摄后进行编辑和修正，但拍摄前按照自己思路正确取景是摄影的基本要求。这是因为不知道为什么笔者总是很排斥将一张照片剪裁成改变初衷的照片。

如图所示，色彩形成对比的被摄体，即把主题、副题协调取景，是拍摄好的风景摄影的第一选择。接着要取景明暗对比鲜明的被摄体，将其置于一个框内。此外，强调透视感时利用纵向构图比较有效，而横向构图更适用于表现宽广的风景。通常风景摄影的构图多选用横向构图。

“取景1、2”是分别用横向构图和纵向构图表现的同一被摄体。同纵向构图相比，横向构图增添了平静的感觉。这也是有些人喜欢电视或电影宽屏幕的原因。就像在人像摄影方法中所提的三分法，画面绝对不能进行两等分。横向也好、纵向也好，如果在画面中央用线划分的话，会很明显地感觉画面被分为两个部分。这个道理在绘画中同样适用。横向的水平线或地平线、纵向的树木或电线杆若是位于照片的中间都是不好的。换句话说，不要让水平线将画面两等分，要选择水平线离开中心的构图。

宝城绿茶田的早晨

取景1（横向构图）

取景2（纵向构图）

取景3

取景4

“取景3”和“取景4”是画面由中心被一分为二的典型照片，照片给人强烈的平分感觉，让人弄不清什么才是真正的主题。如果以美丽的云朵为主题，水平线应向下移动；如果以海边景色为主题，水平线应向上移动。将中心线向上向下或者向左向右移动带来变化是完美画面构成的原则。

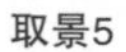

取景5

取景6

三分法可以将主题放在中心的1/3处，或放在上方或下方的2/3处，还可以找到全景1/3左右位置来构成画面。这虽然是一个原则，但并不是所有的照片都要运用三分法来进行拍摄。主题的力量强大时，也可以按照3/4、4/5构成画面，没必要死板地按照原则办事。如果天空仅占整个画面的1/10，能突出主题的核心部分占到9/10时，为了构成较强的画面效果也可以不去管所谓的原则。

## • 主题布局带来的不同感觉

让我们来了解一下主题的布局。以三分法为基础分割画面后应包含主题内容。只有宁静的感觉是不能称之为好照片的，因此应该强调主体的形态或动感等。

如“布局1”，以三分法为基础在松林小路上布置人物，如果包含在画面里的人物有栩栩如生的表情，再加上均衡的构图，会成为非常有感觉照片。

布局

像这样为了主题和周边的景色描绘而安排画面，在所有拍摄中都是非常重要的。不要对画面进行两等分，不要将主题放在画面的中心是所有照片的基础和基本。

## 02 三分法构图

**人像、风景等所有拍摄的基础就是如何构成画面。特别是风景摄影的画面构成比人像摄影的画面构成要求更加细致的布局，原因就是它没有像人物那样可以作为中心的被摄体。从现在开始我们就来介绍使风景摄影表现更完美的画面构成。**

风景摄影拍摄方法中曾经提过的三分法就是在实际构图时类似于黄金分割般将画面分为三份，并轻松利用点和线的构图方法。将画面横向、纵向各三分，出现两条水平线和两条垂直线并生成四个交叉点，将被摄体安排在交叉点中的一个位置上就构成了三分的画面。下面的照片便是以三分为基础进行拍摄的例子，它体现出平静与均衡。

照片中是春川市的山川里松树路。因为是以三分法为基础拍摄的照片，所以左右侧的松树形成对角线，中间的圆形尽头位于中心偏下位置，整张照片强调了透视感。

山川里松树路

“轿车的布局”画面给人安静的感觉，它的构成是：圆形的路尽头和轿车分别被安排在画面左右各1/3处位置上。

轿车的布局

这次将轿车和人物分别置于画面左右各1/3处。看上去有些失衡。这是因为虽然人物和轿车都被放在较为适宜的位置，但圆形的道路尽头向轿车方向靠近了一些。

人物和三角布局的失误

如图所示，将路的尽头安排在轿车和人物的正中间，可以得到更好的平静感。

平静的三角布局

**参考**

- 传统构图的长处在于平静的和谐感。它是从亮与暗、浅色与深色、聚集与空虚的对比中表现出来。
- 主体所在位置稍微偏离画面中央，构图更易懂。
- 水平线和垂直线不要横亘在画面中央。画面等分，视线没有注目的重点反而会破坏整体均衡。

## 03 线与面的再发现

线与面的表现在照片拍摄手法中是非常重要的部分。仔细观察可以确定，所有被摄体都是由线和面构成的，根据表现方法可以区分为几类。

构成照片的是线和面。建筑、风景、人物等所有事物都可以分解为线和面，处理好线和面就可得到美丽的照片。就像“让线细致、大胆地表现吧”这句话所表述的那样这是种很俗的方法，但也正是因为这个原因人们很容易就会无心地把它忽视掉。很多人会认为将线和面“如何添加在画面上”并不是一个很重要的事情。但是作为能够将视线集中到主题上的要素来采用线，根据线出现的距离或运动，画面的内容也会变得深刻。此外，也可以将线本身作为主题，追求一种崭新的感觉。

线和面的结合

复杂的线的连接

表现线的时候，越单调越简洁就越好。横七竖八乱成一团的线既混乱又会分散视线，使视线难于集中到主题上。

## 水平线

横穿画面的水平线和面表现出宁静柔和的氛围。表现宽广的题材适合于横向构图，也正是这个原因。水平线是表现宽阔、安静、平和的最恰当的线。

水平线1

水平线2

## 垂直线

沿着纵向延伸的垂直线和面增加了动态感觉。因此在表现动态感觉的时候，横向拍摄被摄体，其左右空间都显得不必要了。这是强调高、深以及庄肃感觉时最恰当的线。

垂直线1

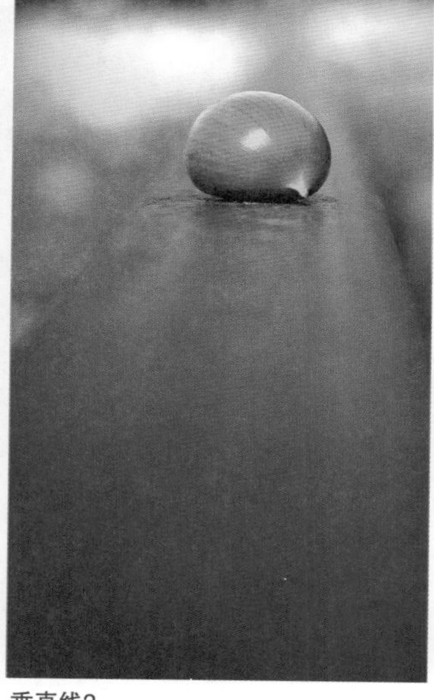

垂直线2

垂直线3

## 对角线

有些时候既不用水平线也不用垂直线而是用对角线作为中心，这时候会将被摄体的动与静混合出一种中间感觉，也有很多美丽的东西。这是描绘方向、速度和运动感觉的最恰当的线。

表现速度的照片

对角线的美的表现

### 曲线

动感的效果表现出与水平线、垂直线、对角线不同的柔和的节奏美。细腻的曲线是表现距离感最恰当的线。

绿茶田的曲线1

绿茶田的曲线2

已经说明了4种线的形态，其核心就是随着形态的线的动态。只用与画面框架平行的水平线或垂直线是很难构成主题的。处理好不同动态线的对比便可得到好的效果。

tip

**照片中线的重要性**

- 要想找到照片中对添加紧张感有意义的线，首先要理解线与动态的关系。
- 即使是相同的线，如果改变拍摄条件，其画面也会发生变化。即使将线从其他要素中分离出来，只要研究好构图，也能增加紧张感。此外用不同焦距的镜头如广角或长焦镜头也将会改变线的形状和走向。

## 04 形态的表现

拍摄出让人印象深刻的照片的秘诀首先取决于“要拍什么”。用取景器确定拍摄空间，按下快门，DSLR自然会留下一个影像。影像是根据轮廓形成的东西，在这里重要的一点是：拍摄者的视线要像瞄准目标一样准确把握形象并表现出来。专业人士和业余爱好者在这里会存在差异。

不留意形态而轻易地把它放过，只简单地把眼睛所看到的东西用DSLR拍摄下来，产生这种想法的原因是没有深入思考对象的深度。在有限空间内拍出不同感觉照片的人是对同一形象进行不同角度的观察。选择形象作为主题，赋于视觉形象以力量还能表现抽象美。几何图像应有明确的轮廓，长方形取景框内的圆形或三角形形态能够形成让人感到力量感和印象深刻的对照。为了给形象添加张力，要强化被摄体和背景之间的明暗、色彩对比，这样形象就会更加鲜明地表现出来。

有强烈对比的形态的表现

虽被奇妙独特的外观吸引按下快门，但很奇怪的是完成的照片往往比拍摄当时的感觉大大折扣。特别是几何形态和线，如果只有炫目的美丽或奇异而不添加其他内容是不行的。如何运用拍摄技术处理并表现形态或线并不重要，拥有不懈发现、留心观察、再现日常景象的眼光比什么都重要。这样才会使形态或线突出明显。

利用阴影形成的两个影像的奇异结合

拍摄时要走近被摄体，将被摄体周围没用的部分排除在外，突出目标形象。在将两种以上相似形象作为主体时，将其中一个作为重点，其他形象在表现时要略弱一些以使它们协调。这样可以为画面增添张力，有时两个形象就像电视剧的主角和配角关系，使人产生兴趣。

新老形象的表现

主体位于被摄体立体感较弱的正面位置时，主体会显得非常抽象和很有意味，影像虽然是平面的，但仍以非常新鲜的形象表现出来。拍摄者凭借细致的观察力和丰富的想象力将眼前的影像表现得更为自由和逼真。

抽象的形象

# 瞬间捕捉的拍摄技巧

今天将介绍一个非常有意思的摄影技巧。看过下面的文字后千万不要骂我是个天怒人怨的家伙。看过那张富有生动感、瞬间把握让人气结的普利策摄影奖获奖照片后，我们都非常震惊并且羡慕。“我为什么就不能拍摄这样的瞬间呢？”好的照片并不是那么容易就能创作出来的。要创作好作品必须以努力和热情为代价的。那么有了热情和努力就可以得到好照片吗？如果这样就太好了。因秋季被称作男人的季节的原因吧，随风飘下的落叶让我感觉非常孤独。一会儿平原地带的秋收又进入了眼帘。“这个好些吧？拍一粒谷子落下的样子？”这是一个多么荒谬而又异想天开的想法！不过我终于用我身经百战的手艺拍下掉落的谷粒。

那岂不是要有把握接近神奇瞬间的能力？现在我要开始做让大家骂的事情了。拍摄上面的照片是一个守株待兔、相当少见而又让人无聊的想法。我抓住这个想法并使唤起周围的人——老婆和孩子。没想到妻子非常难交涉。她打断我介绍要怎样拍摄并如此说道。“亲爱的，你与我同甘同苦、同心同德、百年同好，在这遥远的万里他乡与你这“人面兽心”、“奸恶无道”的人刻苦耐劳十几年已经很“悲痛”，你怎么还会有这种千人共怒、不知廉耻的想法！我尽管对拍摄一窍不通，因此触犯了目中无人的阁下，你要拍这不合道理、将会招至你论我驳是是非非的照片拍摄，我将不会给任何帮助。希望以后千万不要再麻烦我了。”

按耐住瞬间悲愤慷慨想要放弃的心情，我又转向嘴里絮絮叨叨似乎是在读英语的儿子，用尽甜言蜜语承诺给他买玩具，终于怂恿成功，于是完成了拍摄。拍摄的具体情况在这里就省略了。

很多人都以为这张照片是等待谷子一粒粒自然落下时把握住瞬间拍摄而成的照片，那时候我什么也没说，现在将事实公开出来。在这里向那些人道歉，并在这里介绍这张照片的拍摄过程。

# 离得近，看得清！微距摄影技巧

在本章我们将介绍利用DSLR的优点表现平时不太留意的小的被摄体的美丽面貌的方法。随着个人努力的积累，你会慢慢走进充满幻想的微距世界。希望你能够用从本章学到的知识将小但拥有另一种美丽的世界收入到你的照片中。

# 什么是微距摄影 01

与人像摄影、风景摄影不同，微距摄影是将很小的被摄体或大被摄体的局部放大进行拍摄。微距摄影最大的魅力就是它可以拍摄到眼睛看不到的细小的部分。在开始微距摄影前，让我们先来了解一些对拍摄有帮助的基本内容。

## 01 微距摄影的初探

**所谓微距摄影，就是用镜头允许的最小焦距接近微小的昆虫、花或者大被摄体的一局部，将被摄体放大拍摄的摄影方法。**

通过微距摄影我们能够发现类似花和昆虫这样的自然美丽与伟大，通过特写摄影我们能够为戒指、项链这样的宝石或者小半导体这样的产品拍摄商品照片。医学中将微距摄影用于病理试验或资料保存，刑事侦查为了拍摄证据照片也会用到微距摄影。生活中，想要扫描名片这样小但写满文字的资料时可以用摄影代替；在书店和图书馆中找到所需图像及资料时，不用花时间去抄写，可以将微距摄影代替复印机使用。由此可见，微距摄影的领域真是多种多样。

褶皱叶子1

褶皱叶子2

前面“褶皱叶子1、2”是我们在家的周围经常能够看到的不过几毫米大小的野生花。进行微距摄影可以将我们肉眼看不到的花瓣上的绒毛表现出来，而且还可以把被摄体充满整个屏幕。这样看来，微距摄影是一种表现人眼看不到的细小部分、寻找眼睛感觉不到的微小世界的另一种美丽的拍摄方法。

进行微距拍摄的理由有很多，其中最重要的理由就是如果用一般方法拍摄的话，被摄体太小了。

水滴花

十字架项链

“水滴花”是使用微距镜头拍摄的微小果实上坠着的水滴中反映出来的花的样子。“十字架项链”是以非常暗的布为背景拍摄的非常小的十字架项链。像这样被摄体非常小的情况下，用一般摄影无法进行拍摄，因此选择微距摄影。

采用微距摄影的另一个理由是可以把被摄体的细节美表现得更细腻。

芝麻花

雪结晶体

“芝麻花”是利用微距镜头拍摄的并不大的野生花——芝麻花，它甚至将隐藏着的花的神秘样子都表现了出来。“雪结晶体”是用微距镜头拍摄的大雪纷飞时雪结晶体的特写。这种能够表现肉眼看不到的美丽部分的拍摄方法就是微距摄影。

## 02 微距摄影的必备装备

**虽然有为微距摄影而特殊制作的设备，但凭借着经验也可以用DSLR和镜头进行微距拍摄。希望那些认为没有微距镜头就不能进行微距摄影的人也能勇敢地挑战微距摄影。下面我们就来了解一下微距摄影中有哪些设备，它们都应该如何使用。**

### 近摄中使用的镜头

首先介绍微距摄影中使用的镜头。DSLR最大的优点就是能够更换各种各样的镜头。让我们来了解一下微距摄影中微距、远摄、广角等镜头各自的优缺点及在拍摄中如何使用它们。

#### 1. 微距镜头

微距镜头是微距摄影的专用镜头，根据焦距可分为50mm、60mm、100mm、180mm和200mm等。焦距越短越能接近被摄体拍摄，从而更开阔地表现整体画面。相反，焦距长的微距镜头对拍摄昆虫这类难于接近的微距摄影很有好处，但因为画角很窄，故易于整理背景。

下面的照片是用100mm微距镜头拍摄的例子。

在拍摄很小的花或微小细节时，用近摄专用的微距镜头拍摄能够得到颇佳的照片。

100mm微距镜头

水晶草

发夹

2. 长焦镜头

长焦镜头不是特写专用镜头。只要想要拍摄的微距效果的被摄体够大，那么最短焦距很长的长焦镜头也能像微距镜头那样拍出照片。由于焦距较远，因此画角很窄，会有画面紧缩的效果。适用于拍摄大的被摄体或像昆虫这样难于接近的远处的被摄体。远摄镜头的画角也很窄，所以照片的背景也很容易变虚。

长焦镜头

石蒜花

宽苞翠雀

白犬齿堇菜（车前叶山慈姑）

毛蕊老鹤草

就像用长焦镜头拍摄的照片中看到的那样，背景和被摄体相距很远时也可以有效地得到背景处理干净的照片。用长焦镜头拍摄特写照片，镜头的特性上偏远，所以比用微距镜头拍摄的照片线锐度偏差。因此同小的被摄体相比，以大被摄体为主，活用背景处理的拍摄方法是好的。

**3. 广角镜头**

广角镜头比微距镜头和长焦镜头的最深更大且画角很宽，因此适于用在连风景一起拍摄的特写摄影中。因为画角很宽，所以能够拍出如同身临其境的、相当逼真的特写照片。

广角镜头

松叶百合

海菊

长裙

竹荪

前面的照片是用16-35mm广角变焦镜头拍摄的。广角变焦镜头可以拍出把像大海、天空这样宽广的背景也收入照片，并给人舒畅感的相片，也可以拍出将周边环境一同表现出来、拥有生态照片感觉的相片。一簇簇的鲜花拍出了风景照片的感觉，表现出美好的被摄体。

### ● 牢靠的三角架

特写是需要非常精密的DSLR操作需要的拍摄方法。在野外拍摄生态照片时，很轻微的风也会使被摄体晃动，导致不能拍出清晰的照片。此外，手抖动的摄影师还可能在按下快门时晃动DSLR，这样也拍不出清晰的照片。因此，为了能够拍出没有抖动的清晰照片，使用可以将DSLR牢牢固定住的三脚架。

拍摄低矮的野生花时，DSLR必须很低，所以要使用如图所示的三脚架——三只脚几乎水平打开的、可调节DSLR拍摄高度的、没有中央升降杆的三脚架。

低位三脚架

未使用三脚架拍摄的特写照片

使用三脚架拍摄的特写照片

像室内摄影一样，在较暗的条件中拍摄很难保障较高的快门速度。这时使用三脚架则可以在较低的快门速度（1/90s）条件下也能拍出清晰的照片来。不使用三脚架，对焦会不准，拍摄也会模糊。在快门速度不能保证安全快门速度（1/90s）或者手抖动厉害的摄影者，若想拍出清晰、细节完美的特写照片，三脚架是必需的。

## ● 闪光灯

闪光灯是在光亮不足或逆光拍摄时显现被摄体阴影部分细节所需的设备。闪光灯也是特写拍摄中非常重要的设备。

闪光灯有置于DSLR上方使用的类型，也有特写专用的置于镜头处的环型闪光灯类型。

右侧的照片是在逆光中拍摄的夏枯草的特写照片。未使用闪光灯的照片，花和茎处有阴影因此很暗。而使用了闪光灯的照片，阴影部分的色彩和质感都很逼真。

闪光灯

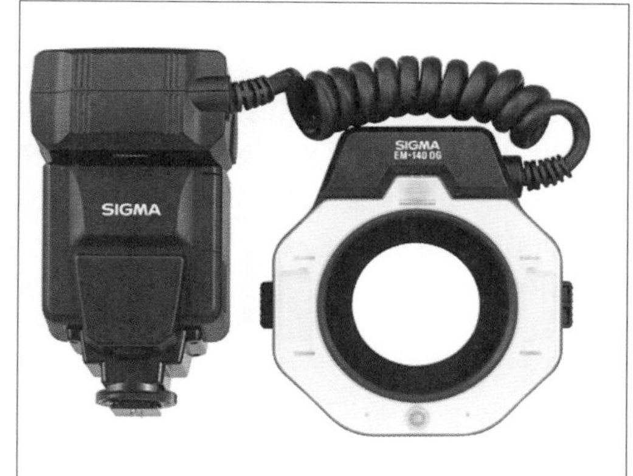

环型闪光灯

未使用闪光灯

使用闪光灯

## 反光板

反光板与使用闪光灯时类似，它将光反射到背阴部分，补充被摄体的光线，使色彩和细节更加生动。同使用闪光灯不同，它需要用眼睛观察为被摄体补充的光线然后拍摄，因此比闪光灯更易发挥阴影部分的细节。

反光板

## 增距镜

增距镜是夹在DSLR机身和镜头之间使用的设备。DSLR装备了增距镜后也不会改变镜头的最短距离，只会使主镜头的焦距长至1.4倍或2倍，因此可以对远距离的被摄体进行特写拍摄。但随着焦距倍数的增高光圈值越来越低，画质也逐渐降低。同2倍用增距镜相比，1.4倍增距镜的画质更低。

增距镜

## 接圈

与增距镜类似，接圈是夹在主镜头和DSLR筘之间使用的设备。在DSLR上加上接圈，主镜头的最短焦距会变得更短，可以更接近被摄体进行拍摄。接圈的缺点是：受拍摄距离限制，光圈值降低，相对的快门速度减慢。

接圈

## 近摄镜

近摄镜是被夹在一般标准镜头前面像特写镜头一样使用的辅助镜头，它缩短了主镜头的最短焦距，可以更加接近被摄体进行拍摄。只能使用与主镜头直径一样的镜头。随着近摄镜号码的不同放大倍率也发生变化。将近摄镜放在主镜头上也不会改变光圈值。适用于想将标准镜头作为近摄镜用镜时。

近摄镜

### ● 滤光器

微距摄中，滤光器也是非常有用的附件。光被被摄体反射，为了减少光反射到被摄体所产生的白色耀斑而使用PL滤光器，为了拍出天蓝色或海蓝色背景使用CPL滤光器。使用较慢的快门速度表现小溪流水的轨迹还可以用ND滤光器。柔光镜使被摄体反射的光线更加柔和，星光镜将水珠反射的光线分散，得到更美的照片。

滤光器

### ● 俯视取景器

拍摄像野生花这样低矮的被摄体时所进行的低角度拍摄日益增多。这时所需要的配件是俯视取景器。与DSLR上固定的观景窗不同，俯视取景器可以转动，所以不需要采用躺、跪等极低的拍摄姿势也能方便有效地确保取景，进行拍摄。俯视取景器具有扩宽固定观景窗视野率的作用。

俯视取景器

## 03 微距摄影的特点

**微距摄影是拍摄小的被摄体或大被摄体的局部的摄影方法，因此同其他摄影相比，需要更细致、精巧的技术。这里我们就来说一说对拍摄更美的微距照片非常重要的几点内容。**

### ● 清晰度

清晰度是指照片细节被表现且清晰的程度。若想得到清晰的照片，拍摄时要对好焦且不能晃动。为了得到没有抖动的照片，最好使用较高的快门速度和三脚架，如果是被风吹得晃动的被摄体，则要耐心地等到风停再进行拍摄。人们常常会把1英寸（约2.54cm）内表现像数的分辨率和与对焦有关的清晰度当作同一概念，实际上清晰度和分辨率是不同的。

金刚草笼

边山菟葵

“金刚草笼”和“边山菟葵”中那一幅照片的清晰度看上去更好呢？分辨率又是哪一个更高呢？左侧“金刚草笼”是用分辨率524万像素的DSLR拍摄的，而“边山菟葵”是用分辨率650万像素的DSLR拍摄的。就如照片中看到的那样，右侧的照片分辨率虽高，但左侧照片的清晰度更好。这是因为准确对焦且拍摄时没有抖动。

tip

**拍摄清晰度较高的照片所需的条件**

- 为了表现正确的色彩，需要曝光补偿。
- 为了整体看来清晰，应确保利用小光圈带来的大景深。
- 为了使照片不模糊，要保证较高的快门速度。

## ● 焦点

对昆虫、花朵这样的生命体进行特写拍摄时，对焦位置不同，得到的感觉会有很大差异。看看下面的照片并进行比较。

首先是昆虫照片。下面的照片中哪一张的生动感更强一些？或者大部分人都会说是“昆虫照片2”更加生动。原因就在于对焦的位置。人像摄影时为了使照片更具生动感，焦点几乎都在眼睛上。昆虫也是活着的生命体，因此道理也相同。拍摄昆虫照片时，若将焦点放在眼睛和腮须部分，则照片整体给人鲜明的感觉。

昆虫照片1

昆虫照片2

接下来是鲜花照片。看一看哪一侧的照片更具生动感呢？当然是“鲜花照片2”更加逼真一些。理由就是“鲜花照片2”将焦点放在了花蕊，而“鲜花照片1”将焦点放在了花瓣。拍摄鲜花照片时，将焦点放在花蕊上，照片将更具生动感。

鲜花照片1

鲜花照片2

参考 特写照片应将锐度效果最小化。生态特写摄影是拍摄活着的生命体。但在后期修补中为了强调细节而过分添加锐度效果，则会有塑料质感，降低了生动感。鲜花、昆虫等生态照片中，应保持逼真的感觉。

## • 快门速度

为了得到作者想要的照片效果，快门速度必须有多种多样的选择。没有晃动的照片或是把握快速运动的被摄体时应使用较高的快门速度，表现瀑布或小溪流水的轨迹时要使用较慢的快门速度。特写摄影中确保快门速度是把握完美瞬间的关键。

我也来吃一口

小憩

左侧照片的快门速度为1/500 s，虽然很快仍没有使蜜蜂的翅膀活起来。右侧照片的快门速度虽然仅为1/125 s，但因拍摄的是动作停止时的状态，因此翅膀和腮须都活灵活现的。昆虫照片最小快门速度应为1/250 s~1/1000 s，这样拍得的照片才不会模糊。

tip

### 提高快门速度的方法

- 在光量充足的晴朗天气中拍摄。
- 使用大光圈值的镜头。
- DSLR提高ISO值至不产生噪声的数值并进行拍摄。

tip

### 使用ISO时的注意事项

就像我们从照片中看到的那样，高的ISO值能够提高快门速度，DSLR的传感器不断将得到的很少的光放大，从而出现颗粒，产生噪点。由于近来DSLR内置了生成高像素图像的传感器，所以即使ISO值很高也能得到良好画质的照片。你要了解你的DSLR是用多高的ISO值进行拍摄时能得到不影响欣赏的程度，这样对拍摄好的特写照片非常有帮助。

ISO 100

ISO 3200

## ● 测光方式

在谈论照片时不能不谈决定照片亮度的曝光。曝光是表现被摄体反射光线多少的内容。要得到适当亮度的照片，就要测定适度的曝光，测定方法就是测光方式。在DSLR中为了得到适当亮度的照片，有多种测光方式。自动模式下使用的都是多分区测光方式，手动模式下则为了满足使用者的要求选择测光方式。我们就其中具有代表性的点测光和多分区测光进行说明。

点测光方式

多分区测光方式

前面的照片是用图表现的在同一幅画面中选择不同测光方式的图例。点测光是一幅画面中仅测定局部亮度的方式。多分区测光则是通过DSLR中形成程序的分割方法，将画面横向纵向进行一定分割后，测定各自的曝光，计算整体曝光的平均值，最后决定曝光的方式。

接着来介绍点测光方式和多分区测光方式在特写拍摄中的活用方法。

**1. 强调背景处理的点测光**

山慈姑

新娘

“山慈姑”是在背阴地方且光线只照在花上时，利用点测光方式测光后，以点测光得到的数据进行曝光，使背景表现得很暗的照片。像“山慈姑”一样，当光线只照在被摄体上，在背景处形成阴影，曝光差很大时，在照到光线的花的明亮部分通过点测光进行拍摄则可以得到背景黑暗的照片。由于花反射的曝光值比DSLR内置的标准曝光值亮，DSLR为了得到更低的光线，要求较小的光圈和较高的快门速度。这样，背景的少量的光线不能全部到达CCD，因此拍摄后背景似乎没有任何光线。

上面的“新娘”是张结婚照。像婚礼场这样明度不均、背景很乱的地方，利用点测光在模特脸部测光后进行拍摄，则会得到背景被处理得相当干净，能表现出模特漂亮脸部的照片。

2. 不宜用点测光的情况

山牛蒡

给我逮住了

像在“山牛蒡”中看到的被摄体那样，对物体颜色比较深的被摄体进行点测光的话，DSLR相机会认为被摄体的照度低，测光系统相对的就会提供增加光线所需的光圈和快门速度，就会像照片所表现的那样背景白茫茫的。有经验的朋友一定知道，对于翅膀较暗的凤蝶或绿带翠凤蝶这样的昆虫，用点测光进行拍摄时，这种背景一片苍白的现象时有发生。有的时候也会利用这种现象，特意将背景处理得发白。

如“给我逮住了”，主被摄体的亮度不均匀，在阴影明显的画面取景中仍使用点测光方式也是不好的。根据测光部位不同，会得到亮度差异很大的照片。使用测光方式时一定要留意这一点。

3. 点测光无效的情况

照片是在下雨的日子，当一定的光线照在被摄体上时拍摄的“百合”。主被摄体和背景的光线反射率几乎一样的情况下，无论选用何种测光方式，照片几乎不会发生变化。在花朵上进行点测光，或者对整体进行多分区测光，最终得到的照片亮度几乎一致。被摄体和背景之间几乎没有曝光差的场景里用不用点测光没有差异的。

百合

#### 4. 多分区测光方式

多分区测光是按照程序方法对画面整体进行大分割后对各个部分进行测光，测定平均值的方式。与极端曝光对比的效果相比，整体平均曝光适用于画面内各个部位都需要详细表现的照片。如适用于与风景一同拍摄的特写摄影或有背景细节的人物摄影。

长尾鸢尾

海菊

左侧照片是名为“长尾鸢尾”的野生花。这张照片是在满天云彩的日子里拍摄的，花和背景的曝光差不大。这时如果使用多分区测光的话，花和背景的曝光可以像一般亮度的照片那样表现出来。右侧照片是海边生长的菊花，故称作“海菊”。这张照片也是在阴天拍摄的，花和大海的曝光值差异很小，适用多分区曝光使得花和大海一样逼真、鲜艳。

### • 曝光补偿

拍摄照片的过程中你会发现，有的照片比想象的要亮很多或者暗很多。这是因为选择了不正确的测光方式和不准确的曝光。为了得到适当亮度的照片所必要的功能就是曝光补偿。

曝光合适的照片

曝光不足的照片

我们在入门的时候已经学习了有关曝光补偿的方法。在光圈优先或快门优先模式中能进行曝光补偿。左侧和右侧的照片都是将曝光补偿设置为+1档后拍摄的照片。但右侧的照片非常暗而左侧的照片非常亮。像这样，特写拍摄位置不同，测光部位也不一样。因此要随时通过观景窗确定后再进行曝光补偿才能得到合适亮度的照片。

## ● 景深

景深是指画面景物的清晰范围，我们在入门部分已经对此进行了学习。所有照片都是这样的，在拍摄鲜花中合适的景深调节是非常重要的。

光圈值f3.5拍摄的照片

光圈值f32.0拍摄的照片

两张照片是用相同的镜头，只是拍摄时光圈值不同。左侧照片是用f3.5拍摄的，而右侧的照片则是用f32.0拍摄的。与左侧照片相比，右侧照片更多部分得以清晰。光圈开大的话清晰范围变窄，光圈小的话清晰范围变宽，这是摄影中的景深原理。

# 微距摄影的准备工作 02

微距摄影与其他摄影不同，它需要快捷、精细的操作。如果事先熟知DSLR的机器性能后进行拍摄的话对拍得好的照片会很有帮助。在这一部分我们整理了开始摄影之前应事先了解的有用的内容。

## 01 预设DSLR——瞬间表现轻松自如

**对昆虫进行特写拍摄，昆虫不会向你说“请把我拍得漂亮一些”，也不会静静地等待由你来任意拍摄。当你发现昆虫后再装DSLR电源、设定拍摄模式时，昆虫早已扇扇翅膀飞到很远的地方去了。因此，为了这一瞬间，事先进行DSLR设定是必需的。**

养成开始拍摄前至少设定好ISO值、测光方式、拍摄模式、光圈值等的习惯。对昆虫进行特写摄影的测光方式可选择增大被摄体和背景的色彩差的点测光方式，拍摄模式可定为方便于调节景深的光圈优先模式。只有经验才是成功的捷径。

tip

### 帮你了解特写摄影模式

几乎所有DSLR的拍摄模式中都有一个画着一朵花的特写模式。这个功能是改变镜头的镜片位置、将对焦距离最小化、使特写成为可能的拍摄方法。使用该功能，光圈值和快门速度将依程序自动调节，这样刚刚开始接触特写摄影的人也能轻易地进行特写摄影。但因为特写模式不能按照你所要求的光圈值和快门速度进行随意的调节，所以对特写略微熟悉的人都不会用DSLR的机内特写模式进行拍摄。

拍摄模式盘

## 02 剪裁的应用

**剪裁是拍摄后对没有用处的部分进行剪切，放大突出特定部位，制作新照片时非常有用的操作。它只是应用了一些Photoshop功能，是任何人都能轻松进行的一项操作。不过对于刚刚开始摄影的人来说，除非是万不得已的情况，否则不要带着可以进行剪裁的想法拍摄照片，而是应该练习以好的构图和布局安排画面，这样才能拍出更好的照片。**

最初拍摄像昆虫这样总是活动着的被摄体时，很难得到自己想要的构图。DSLR的一大优点就是能够迅速地将照片转移到电脑上并进行修正。拍特写时，用自己的DSLR所支持的最大尺寸进行拍摄是好的。原始照片很大却与你想要的构图不相符的话，应用剪裁画面使构图完美，这样就可以完成出细节颇佳的特写照片了。

原始照片

裁剪的照片

上页左侧的照片是原始照片。右侧的照片是将左侧照片红框内表示的部分放大剪裁的内容。通过后期修改只剪裁有用的部分可以得到更为细致的特写照片。拍摄好动的昆虫时，按照摄影师设想的构图拍摄或近距离进行特写摄影都相当不容易。

tip

### 剪裁有利于高像素DSLR！

剪裁的应用，像素值高的DSLR当然有利。如下图所示，孩子的照片是用500万像素的尼康Coolpix 5700拍摄的，而女人的照片是用640万像素的佳能10D拍摄的，然后分别按照实际大小剪裁。正如我们看到的那样，利用高像素拍摄的照片被剪裁一部分后画面依然非常清晰，能够放大表现。用相同分辨率拍摄出的照片，保存的文件大，剪裁后能够得到更好的照片。特写摄影时，确保最大限度足够的存储器，然后用DSLR支持的最大尺寸进行拍摄，这样对后期修改或用较大尺寸进行放大照片是非常有利的。

Coolpix 5700原始照片

部分剪裁照片

佳能10D原始照片

部分剪裁照片

# 03 活用光圈

**光圈值是摄影中对景深和快门速度影响最大的因素。为了拍摄出更好的特写照片，应该很好地了解光圈功能，做到熟练运用。下面我们就来介绍特写摄影中光圈值的应用方法。**

整体说来，为了得到全景深的照片，需要较小的光圈，但使用较小的光圈会降低快门速度。使用三脚架可解决上述的问题，但对于拍摄飞来飞去的昆虫来说，没有那么多的时间去支撑、调节三脚架。像昆虫摄影这样需要较高快门速度的特写摄影，应在光线充足，能够满足较小的光圈和较快的快门速度的晴朗天气中进行。

蝴蝶的美餐

**随光圈值变化的景深**

f2.8，1/90s

f5.6，1/29s

f11，1/6s

f22，0.7s

f32，1.5s

上面的图片是将胶棒按照一定的间隔距离排列，并将焦点对在缠绕着红色纸带的胶棒上，然后用100mm镜头，不断改变光圈值拍摄的一组照片。照片中，光圈越小对焦的部位就越宽。但是，随着光圈的缩小，快门速度也变慢了。在未使用三脚架的情况下就得不到清晰的图像了。如果不能使用三脚架，要事先测定在哪一级的快门速度下能够得到没有抖动的照片。为了拍出清晰的照片，要不断练习，从各类拍摄条件中找出所需景深与能使照片不抖动的快门速度的组合。

## 04 活用拍摄模式

**为了摄影师的方便，相机拍摄模式提供了几种类型。不同的拍摄模式，其曝光补充也不相同。下面我们就来讲讲特写摄影中应该如何活用拍摄模式。**

### 1. 光圈优先模式

可以自由表现景深的光圈优先模式还可以用小光圈使画面内的所有景物都清晰是特写摄影中将前景和背景虚化，只突出主体的非常有用的拍摄模式。

立金花

石蒜

左侧照片是使用光圈优先模式拍摄的“立金花”。设定光圈f3.5后，只突出表现了中间的花朵，前景及背景的花全都被处理得模糊不清了。

右侧的照片是用长焦镜头拍摄的树干之间的“石蒜”。这张照片也采用了光圈优先模式，使用较大的光圈f2.8，将前景的树干和很远的背景都处理得较为模糊，只突出强调了作为主被摄体的一支石蒜。这样看来，野生花照片中选用光圈优先模式拍摄有很多优点。

### 2. 快门速度优先模式

与运用光圈来优先控制景深的光圈优先模式相比，快门优先模式更适用于需要长时间曝光的拍摄或需要较高快门速度的拍摄中。

石蒜

舞动的波斯菊

“石蒜”是利用快门优先模式，以较低的快门速度（0.7s）表现出溪水流动轨迹的照片。像这样较慢的快门速度一般用于和花一起拍摄的瀑布等溪水或夜景等风景摄影时。

“舞动的波斯菊”也是在快门优先模式中利用较低的快门速度（1/4s）表现出波斯菊随秋风舞动的照片。由于快门速度优先模式中会自动计算并设定光圈值，所以不适用于注重景深的特写照片。

“水滴王冠”是利用较高的快门速度对水滴坠落时形成的王冠景象进行特写拍摄，然后通过修改改变颜色的照片。在类似这样需要较高快门速度（1/650s）的拍摄中，运用快门速度优先模式的方法较好。

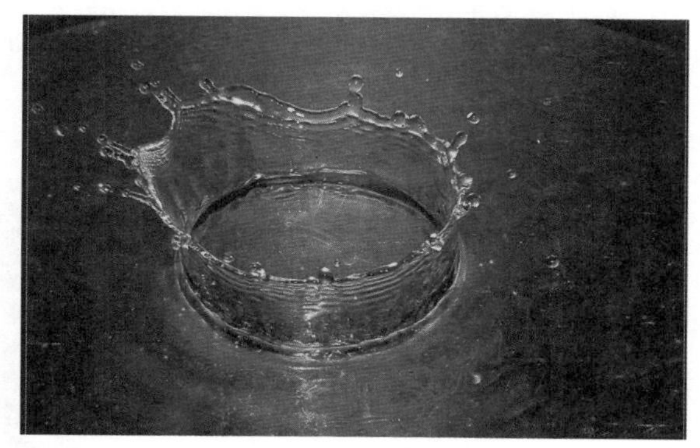

水滴王冠

Section

# 特写摄影的构图构成 03

欣赏照片时会发现，有的照片欣赏起来非常舒服，而有些照片会让人感到紧张或很容易将视线转移到其他照片上。能够长时间吸引观众视线的照片是那些照片分量不向任何一侧倾斜、构图平稳的照片。好的构图没有一个定义。这是因为若是按照固定的形式和框架进行构图，那么所有人拍出的照片都会一样。不过，如果你对普遍的看上去比较舒服的基本构图有所了解，那么对你拍出让人感觉舒适的照片会很有帮助。下面就介绍正规的特写摄影中使用的构图。

## 01 入门级拍摄者的特写构图

**刚刚开始特写摄影以及刚刚开始使用DSLR的人拍摄的照片都会像证件照片那样将被摄体摆在中央。像证件照片那样的构图并不全都是不好的，不过若是拍摄的照片被摄体都在中央，那么所有的照片给人的感觉都是一样的，很容易就会让人觉得厌烦。接下来我们将介绍一些简单的特写摄影中需要的构图以便大家能拍出让人感觉舒适的作品。**

这是名为“睡莲”的花，大眼睛的青蛙经常会在它的叶子上跳来跳去。刚刚接触特写摄影的人大部分都会按照右侧图片的形态拍摄花朵，根本不管构图和主题，只是将花放在中央充满整个画面，这样的图片我们戏称“花的证件照片”。花死后也不会需要这样的遗像，有必要将它拍成这个样子吗？我们说好的构图没有定义。当你思考着“要把被摄体放在照片的哪一个位置上看上去会舒服呢”这个问题的时候，可以说你已经开始了好的构图。

睡莲

试着比较下面的两幅照片

长尾鸢尾1

长尾鸢尾2

两张照片中哪一张看上去更舒服更漂亮呢？不同的人会有不同的看法，不过大部分人都会认为“长尾鸢尾1”看上去更好一些。“长尾鸢尾2”虽然很清晰，但实在是太平凡的一张照片了。这是因为花被摆在画面中央，没有给欣赏者留出视线空间。相反，“长尾鸢尾1”将主被摄体放在了一侧，在右侧留白，给欣赏者带来了视线空间。像这样，即使拍摄相同的被摄体，镜头的方向和背景不同，拍出的照片给人的感觉也会不一样。

## 02 三分法构图

下面我们来对拍摄构图法中使用最广泛的三分法进行介绍。

大樱草1

大樱草2

三分法是将画面横向、纵向各分成三等份（九宫格），然后将主体、陪体置于生成的变叉点位置的构图方法。这种分割和布局方法运用了最为理想的黄金分割率，适用于风景、人物等各种拍摄，即使是初学者也能轻松掌握，更能拍出构图舒适的照片来。刚刚接触特写的人应该多加练习三分法构图，略微熟悉后便能自由地寻找均衡构图了。

左侧照片是小溪旁生长的“金蝴蝶花”。“金蝴蝶花”在下面的交叉点上摆放了主体。虽然想将小溪作为陪体也放入照片内，但没有很好地表现出来。右侧照片是竹林中生长的“长裙竹荪”，上方分割线成为竹子的临界线，左侧下方的交叉点上安排了“长裙竹荪”。

金蝴蝶兰（Iris savatieri）

长裙竹荪

多被银莲花

银莲花

上面照片拍摄的是花朵聚成一簇开放的样子。拍摄这种照片时很难得到好的构图。这时要忠实自己的感觉不去裁切花朵，不断改变位置找到最舒服的构图进行拍摄。久而久之便能拍出构图感觉舒服的照片了。

tip

### 格栅屏

将从取景器中看到的标准屏幕上有横向、纵向的分割线，这个画有格栅线的屏幕就叫作格栅屏。这为取景布局时恰当地布置主体和陪体提供了方便，加入水平线和垂直线的画面在做横向或纵向分割时也很快捷方便，是个非常有用的配套设施。遗憾的是这种设计它只在部分DSLR的机型中才拥有。

# 03 对背景的处理

**简洁的背景更能突出体现主体。这一节里我们将学习使背景看来更好的处理方法。**

## • 制作深色背景

让我们来了解一下特写摄影中将被摄体之外的背景处理成深色的方法。

运用曝光差处理深色背景的方法。运用使景深浅的大光圈，选择深色背景衬着亮色被摄体的角度进行拍摄即可。左侧照片中，背景部分用四边形标示出来，圆形标示的是被摄体。背景较暗的照片主要是在晴朗天气时逆光拍摄所得，背景阴暗且只有被摄体被光线射到时可以得到更明显的效果。

紫莞拍摄现场图

紫莞

这次是以树林里阴暗的地方为背景，拍摄被阳光照到的被摄体。像这样被摄体较亮、背景较暗的照明比较大的情况下，很容易拍出深色背景。

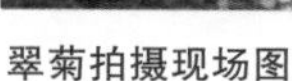

翠菊拍摄现场图

翠菊

tip

## 深色背景的处理方法

- 选择晴朗的日子。
- 使景深浅，光圈打开到最大，降低光圈值。
- 背景暗，主体明亮。
- 昏暗的背景、主体、镜头方向成一直线。
- 运用逆光。

## 屏风式背景处理方法

制作屏幕背景的方法和黑色背景的制作方法一样。下面我们就来了解一下屏幕背景的制作方法。

拍摄紫菀

紫菀

主体和背景的曝光相近时才能处理成屏风式背景。这种处理背景的方法是：运用景深，揉磨远离主体、与主体颜色类似的背景。重要的一点是要找到主体与背景曝光相近的环境，尽量减少背景与主体之间的曝光差。

绶草

宽苞翠雀

# 上山下海或在家里拍特写 04

以前面学习的特写摄影基础为依据，实际走到野外，将学到的知识真正运用到摄影实践中。

## 01 特写摄影的基本方法

**了解特写摄影的基本方法。**

下面的照片常常是刚接触特写摄影时以最基本、最易拍摄的构图拍出的特写照片。

荷包牡丹

| 佳能10D | f6.7 | 100mm微距镜头 |
| --- | --- | --- |
| SEC 1/250 | ISO 100 | |

水滴王冠

| 宾得*istDS | f32.0 | 100mm微距镜头 |
| --- | --- | --- |
| SEC 1/125 | ISO 200 | |

莲花

| 佳能10D | f4.5 | 90~200变焦镜头 |
| --- | --- | --- |
| SEC 1/350 | ISO 100 | |

淡紫色鸭跖草

| 佳能10D | f5.6 | 100mm微距镜头 |
| --- | --- | --- |
| SEC 1/90 | ISO 100 | |

上面的照片是用特写摄影中最基本的方法拍摄的照片。利用光线和DSLR的功能恰当地拍摄了主体的特征，表现出被摄体的魅力。像这样，特写摄影能够比人眼所见更加细致、精密地表现出被摄体的美丽。

为了使照片更加清晰，更好地表现出质感，恰当的光线和快门速度是非常重要的。选择不同的被摄体特写进行拍摄实验，直接体验和感受用哪种光线和快门速度能够真正拍出好的照片也是非常重要的。

## 02 灵活运用主体与陪体

**摄影师是为了给别人看到某种感受而拍摄照片。这样，首先能吸引欣赏者视线的被摄体是主体。陪体具有帮助主体的作用，它向欣赏者透话，把思想想法转为故事传达给欣赏者的作用。下面让我们来了解特写摄影中灵活运用主体与陪体的方法。**

不管怎么构图、清晰度多好的特写摄影，如果总是拍摄一样的照片，欣赏的人看过后会说“很让人烦，不过很清晰”、“细节不错的照片”等，而不会感受到其中的意味。为解决这种无聊状态特写摄影中有灵活运用主体与陪体来表现的方法。举例来说：昆虫照片中，将花、蜘蛛网这些昆虫生活的周边环境运用为陪体，就可以得到与众不同的特写照片。后面“恍惚的死亡”中，大蓟花是主体，被蜘蛛网吊死的蜜蜂是陪体。这张照片中最先看到的是大蓟花，接着视线下移看到了蜜蜂。在这里，你会不会想“蜜蜂为什么会死呢”？

右侧的照片也是按照这样的感觉拍摄的。所谓特写摄影，当然要大而清晰，不过建议你在拍摄时不要只考虑到这一点，还应该想到要向欣赏的人传达什么东西。

恍惚的死亡

佳能 10D
f4.5　　90~200变焦镜头
1/350　　400

雉鸡的菟葵

佳能 10D
f4.5　　100mm微距镜头
1/125　　400

## 03 灵活运用逆光

拍摄是用光线对人与自然进行雕塑的艺术行为。我们在拍摄照片时遇到的光线种类非常多。下面介绍逆光中的拍摄方法。逆光和美丽的侧影一起更加突出被摄体的美丽。

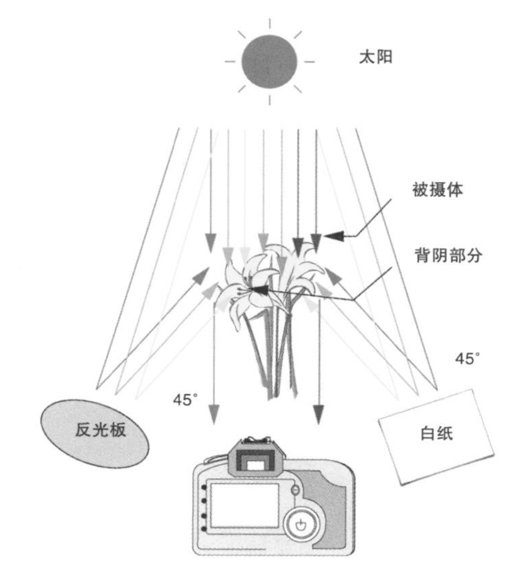

含羞带怯

| | | |
|---|---|---|
| 佳能 10D | f4.0 | 100mm微距镜头 |
| 1/180 | 100 | |

阳光描绘的蝴蝶花

| | |
|---|---|
| 佳能 10D | |
| f11.0 | 90~200变焦镜头 |
| 1/60 | 100 |

我们常常说要想得到艺术照片，就要在逆光中拍摄。这是因为顺光或散射光拍摄的照片中，被摄体的光线看起来都很泛味。特写摄影中，逆光能赋予被摄体我们看不到的美丽。逆光拍摄中，被摄体较厚时，由于逆光很容易会生成影子。这种情况下，在被摄体前面利用反光板，或者没有反光板时用一张白纸将光反射阴影部后再进行拍摄会更好。对辅助光源——闪光灯比较熟练的人可以添加适量的闪光，得到更漂亮的结果。上面的照片都是使用DSLR内置闪光灯作辅助光拍摄的照片。

tip

## 没有复印机，没有扫描仪，用微距摄影来代替吧！

用DSLR拍摄的图像不比一般扫描仪的效果相差很多。因此，在保存重要图表、文本信息时，可以用微距摄影代替扫描仪和复印机。

在书店或图书馆里找到了所需的资料，当资料量很大或者包含图片时很难尽善尽美地将它们全部抄录下来。当既不能使用复印机，又很难买到或借书时，带着DSLR的人可以利用微距特写功能，轻松得到资料。即使是数量很多的文字，利用特写功能也能非常简单地用好的分辨率将原件内容制成图像。DSLR的特写功能，因其分辨率较高，还可以代替扫描仪使用。利用特写拍摄还可以改变名片中印入的小图标或文字的颜色和名称，生成新的名片。为杂志或报纸中带有照片的部分进行微距摄影时，资料印刷面和镜头保持垂直是非常重要的。事先将要拍摄的印数面固定在墙上，再使用三脚架使DSLR和印刷面水平对齐，然后进行拍摄便可得到颇佳的图像。

下面的照片是给书中登载的照片进行微距拍摄。如图所示，进行微距拍摄，可以得到与原件几乎相同的照片。这样，因为DSLR的分辨率很高，利用微距拍摄时，可以得到良好品质的照片和重要瞬间的信息。

特写拍摄结果

# 特写（微距）摄影必备知识

将特写摄影中必须了解掌握的内容进行整理。想着下面的内容，在面对特写摄影时便能够得到较好的结果。

### 1. 用哪种DSLR或镜头都可以进行特写

说到特写摄影，常常会觉得必须使用微距镜头，其实不然。用50mm镜头也完全可以进行特写摄影。希望大家不要感到为难，要了解自己装备的特性，发挥它的最大优点，挑战特写摄影，拍出好的作品。

### 2. 曝光和焦点

正确曝光和对焦的照片，即使白平衡稍有偏差，也可以通过后期修正得以修复。要多加练习特写摄影时正确测定曝光、对焦，拍摄时不抖动的方法。

### 3. 清晰度

与其他摄影不同，特写摄影拍摄的是小的被摄体或大被摄体的一部分，所以清晰的、细节逼真的照片才是好照片。拍摄时要确保充足的光量，并用安全快门速度拍摄，不得以时可以使用三脚架拍出没有晃动的照片。

### 4. 用心找出欣赏照片的人的想法！

清晰度高、细节出众、连昆虫的毛都能看到，即使是这样高质量的照片，如果拍出雷同的画也容易给人厌烦的感觉。虽然所有的照片都一样，但特写摄影是向欣赏者诉说些什么并引人思考，回味的照片，才能称之为好的照片。

### 5. 理解并灵活运用光线！

拍摄是用光线对人与自然进行雕塑的艺术行为。因此即使说没有光线就没有照片也不为过。摄影者很好地了解各种光线，拥有在拍摄时变换使用的能力，那么就可以拍出完美的特写照片了。

### 6. 一定要学习Photoshop这类后期处理软件！

DSLR最大的优点就是与计算机的快速互换。照片原件固然重要，不过也要培养自己使用Photoshop这样的图像处理软件的能力，为自己的照片洗脸、化妆、穿上美丽的衣服。这样才能制作出更美、更具观赏性的作品。当然不要忘记最基本的法则，拍摄时慎重思考再拍摄的习惯是非常重要的。